ASAHI SENSHO
朝日選書
903

COSMOS ㊤

カール・セーガン 著
木村 繁 訳

朝日新聞出版

アン・ドルーヤンに
限りなく広い宇宙、永遠に続く時間のなかで、
アンと同じ惑星、同じ時代に生きることを喜びつつ……。

COSMOS ㊤ ● 目次

日本のみなさんへ――3
まえがき――5
1 宇宙の浜辺で――13
宇宙の海へ／探検を始めよう／孤独な地球／ようこそ地球へ／地球を測った男／地球から宇宙へ／最古の図書館／二〇〇億年の歴史
2 宇宙の音楽《フーガ》――37
わが世の春／壇ノ浦の悲劇／無能だった創造主／小さなガの爆撃／生命は海で誕生／人間までの長い道／生命を支配するＤＮＡ／人間は木と親類／放電でできる有機物／木星に住む生物／宇宙の生物を探す
3 宇宙の調和――77

夜空に描く夢／天のこよみを読む／はびこる占星術／占星術はニセの科学／進歩を妨げた天動説／地動説の登場／ケプラーの天啓／ティコのもとへ／ケプラー説の崩壊／楕円形の軌道／ケプラーの三法則／神秘主義を超えて／魔女にされた母親／月にも知的生物？／天才ニュートン／リンゴと月の関係／浜辺で遊ぶ少年

4 天国と地獄 137

天から降った火の玉／仰天した村人たち／彗星のかけらが衝突／夜空を飾る流れ星／巨大なハレー彗星／彗星近づいて大騒ぎ／破局的な衝突の証拠／月面の新クレーター／飛びまわる小惑星／金星は木星の子供？／密雲に包まれた金星／スペクトルの魔術／四八〇度の焦熱地獄／濃い硫酸の雨が降る／地球を変える人間

5 赤い星の神秘 191

火星に生物はいるか／火星に恋した男／運河をめぐる論争／まぼろしだった運河／火星に飛ぶ夢／火星でも生きる微生物／失敗したソビエトの探査機／安全な着陸のために／バイキング、無事着陸／赤く美しい世界／オオカミ捕りのワナ／南極で死んだ科学者

／スープを飲んだ？　火星人／活発な粘土の働き／見つからなかった生物／これからの探査計画／極冠を黒く汚す

6　旅人の物語 —— 251
惑星に飛ぶロボット／オランダ人の活躍／知識人のいこいの港／ホイヘンス家の父と子／光の粒子説と波動説／土星の輪などを発見／生物のいる惑星を想像／木星の四つの大衛星／エウロパのしま模様／木星への飛行の日誌／壮大なイオの活火山／太陽になり損ねた木星／興味深いタイタン／太陽帝国の境界線

解　説　内村直之 —— 299

エッセイ　人類の故郷、宇宙への思い　山崎直子 —— 319

人名索引

下巻　目次

7　天のかがり火
8　時間と空間の旅
9　星の生命
10　永遠のはて
11　未来への手紙
12　宇宙人からの電報
13　地球のために
訳者あとがき
解説（内村直之）

『ＣＯＳＭＯＳ』（Random House 社）は故木村繁氏が翻訳し、朝日新聞社から１９８０年11月に上下巻で刊行された。同社からは１９８４年に上下巻で文庫版が刊行されている。今回、朝日選書版での復刊にあたり、ペーパーバック版『ＣＯＳＭＯＳ』（Ballantine社）を参照して、訳語など最小限の校訂をおこなった。原書刊行後の科学的成果や学説については上巻巻末に解説を付した。

COSMOS ㊤

カール・セーガン 著
木村 繁 訳

日本のみなさんへ

日本の国旗は天文学的である。それは、私たちにいちばん近い恒星・太陽を描いたものである。この国旗を定めた日本人の先祖たちは、人間と宇宙とのあいだの深い関係をいくらか理解していたに違いない。日本だけでなく、世界の国々のうち、ほぼ半数が宇宙に関係のあるものを国旗のデザインに使っている。つまり、私たちはみんな、大むかしからずっと、天文学者だったのである。

この本は、科学者たちが日ごろ体験している喜びと興奮とを一般の人たちにも広く伝えようとするものだ。科学と技術とは、私たちの未来を切りひらくための有効な道具であり、それらは、だれにでも理解できるものである。そのことを示すのも、この本のねらいである。

そのような目的をとげるためには、人びとの理性だけではなく感性にも訴えなければならない。私は、読者の思考力を刺激するだけではなく、感性的な心にも語りかけようと努めた。宇宙を理解することは、人間にとって大きな喜びである。この本は、そのような喜びを読者に与えようとするものだ。

この本が日本でも出版されるのは、私にとってとくにうれしいことである。日本は、高度に工業化された国であり、科学と技術とに国民の未来をかけている国である。天然資源のほとんどない国でも、教育と知識と計画に力を入れ、技術開発に献身し、国防の重圧から自由であれば、大きなことをなしとげられる、ということを日本は証明してくれた。そのような国でこの本が広く読まれるのは、うれしいことである。

『COSMOS』は、惑星、太陽、恒星、銀河などの探検をテーマとしている。いままでのところ、このような探検は、大部分、アメリカとソビエトとが進めている。しかし、現在の傾向が続けば、やがて日本も宇宙探検の分野で重要な役割をはたすようになるだろう。一〇年か二〇年後には、日本の探査機が惑星や彗星《すいせい》に向かって飛び、日本の国旗に描かれた恒星・太陽に向けても、日本の探査機が飛ぶようになっているだろう。

現代は宇宙探検の時代である。私たちは、人類史上きわめて重要な時代に生きている。私たちの子孫は、私たちのことを驚異の目をもってかえりみることだろう。そのような重大な時期に、日本が大きな役割をはたしてくれることを期待しながら、この日本版を太陽の国のみなさんにささげる。

カール・セーガン

一九八〇年八月　イサカとロサンゼルスで

まえがき

長期にわたる勤勉な研究の結果、いま隠されているものごとに光のあたるときがくるだろう。天の研究に、たとえ全生涯をささげたとしても、あれほど広大なものの研究には、一個人の生涯だけでは十分ではない。……長い時代を引き継がれたのち、そのなぞは解かれるのである。私たちが、きわめて簡単なことさえ知らなかったことを、私たちの子孫は驚きの目でみる日がきっとくるに違いない。……私たちのことが記憶から消え去ってしまう、はるかな将来の人たちが、さらに多くの発見をすることだろう。私たちの宇宙には、いつの時代にも何か研究するものが残っている。そうでなければ、宇宙は、かわいそうな、ちっぽけなものだということになるだろう。……自然は、その秘密を一度にすべては明かさないものである

――セネカ『自然の問題』第七巻（一世紀）

古代には、毎日の会話や習慣などの、もっとも世俗的なことも、もっとも壮大な宇宙の出来事と

関係があった。その魅力的な実例として、紀元前一〇〇〇年ごろに、アッシリアの人たちが、歯痛を起こす虫をやっつけるために唱えた「おまじない」の言葉をあげよう。それは、宇宙の起源から説き起こし、歯痛の治療法で終わっている。

アヌーの神が天を創った。
それから天が地を創った。
地は川を創り、
川は入り江を創り、
入り江は沼を創った。
そして沼は虫を創った。
虫はシャマシュ神の前で泣き、
虫の涙はエア神の前に流れた。
「私にどんなエサをくださるか、
私にどんな飲み物を……」
「干しイチジクとアンズをやろう」
「干しイチジクとアンズでは、
何の役に立つでしょう。

私をつまんで持ち上げて、
歯と歯ぐきとに住ませてよ」
虫よ、お前がそんなことというから、
エアの神さまにお願い致します。
お前をつぶしてくださいと。
（歯痛のおまじない）

治療法＝安物のビールに……油をまぜる。このおまじないの言葉を三度となえてから、ビールと油の薬を歯につける。

私たちの先祖は、世界のことを熱心に理解しようとした。しかし、その方法をなかなか思いつかなかった。彼らは、宇宙のことを、小さくて風変わりで、整然としたものだと想像した。そして、その宇宙で支配的な力を持っているのは、アヌーとかエアとか、シャマシュとかいう神々だと思っていた。その宇宙のなかで、人間は、中心的な役割とはいわないまでも、重要な役割をはたしていた。私たちは、自然のほかのものと密接に結びついていた。安物のビールによる歯痛の治療も、もっとも深い宇宙のなぞと結びついていた。

今日、私たちは、宇宙を理解するための強力でみごとな方法を、すでに発見している。それは、科学と呼ばれる方法だ。それは、宇宙というものが、どれほど大昔からあり、どれほど広大であるかを、私たちに示してくれた。そのため、人間のすることは、一見したところ、とるに足りないもののように思われた。

私たちは、はるかな宇宙《コスモス》（COSMOS）から生まれ、育ってきたものだ。それは、はるかかなたのことで、私たちの毎日の暮らしとは無関係なように思われてきた。

しかし、科学は、宇宙が、めくるめくほど、うっとりするほど壮大であり、人間が理解できるものであることを明らかにし、また私たちが、深い、真の意味において、宇宙の一部分であり、宇宙から生まれたことも明らかにした。そして、私たちの運命が宇宙と深くかかわり合っていることも明らかにした。人間のもっとも基本的な出来事も、もっともつまらぬことも、もとをたどれば、宇宙とその起源のところまでたどることができる。この本は、そのような宇宙的な見方を追究しようとするものである。

一九七六年の夏から秋にかけて、私は、バイキング火星着陸船チームの一員として、一〇〇人ほどの科学者たちと、別の世界である火星の探検にたずさわった。

人類史上はじめて、私たちは、火星の表面に二つの探査機を着陸させた。その結果は第5章でくわしく述べるが、それは、めざましい成果であり、この探査の歴史的な意義は明らかである。

しかしながら、一般の人たちは、この偉大な出来事について、ほとんどなにも知ることができなかった。アメリカの新聞の多くは怠慢であったし、テレビも同様に、この火星探査をほとんど無視した。火星に生物がいるかどうかという問題についてははっきりした答えが出ないだろう、ということが明らかになると、関心はさらに薄れた。だれもが、あいまいなことに対しては、あまり寛容ではなかった。

火星の空は、はじめ間違って「青い」と発表されたが、のちになって「ピンクのまじった黄色」とわかった。このことを発表したところ、集まっていた記者たちは、一様に静かな不満の声をもらした。彼らは、火星の空も地球に似ていてほしかったのである。火星が地球に似ていないことが、しだいにはっきりしてくるにつれて、新聞の読者やテレビの視聴者たちは、ますます火星についての関心を失ってゆくと、記者たちは信じていた。しかし、火星の地形は、足ががたがたふるえるほどのものだった。そのながめは、息をのむほどのものだった。

惑星の探検や、そのほかの同じような科学の話題、たとえば生命や地球や宇宙の起源、地球以外の知的生物の探索、私たちと宇宙との関係、といったようなことには、全地球的な大きな関心が寄せられているものだ。そのことを、私は自分の経験から確信していた。

この本は「一般の人たちは、広く信じられているよりも、はるかに知的であり、世界の起源と本質に関する深い科学上の問いは、ものすごい数の人たちの興味と情熱とをかきたてるだろう」ということを前提として書かれたものである。

現代は、私たちの文明と、おそらく人類という種にとっての重大な分岐点である。どの道を選ぼうと、私たちの運命は、科学と、解き難く結びついている。私たちが単に生き残るためだけにも、科学を理解することがぜひ必要である。しかも、科学は楽しみである。私たちは、進化のおかげで、理解することを喜ぶようになっている。そして、理解する力を持った人ほど、生き延びる可能性が高い。

この本は、科学の思想と、方法と、喜びとのいくらかを人びとに伝えようという、希望に満ちた実験である。読者のみなさんに、ものごとをよく理解していただくために、私は数多くの問題を何度も取り扱うことにした。はじめは軽く扱い、二度目からあとには、より深くふれた。たとえば、第1章のなかで天体のことを紹介したが、それについては、あとの章でさらにくわしく説明した。第2章で取り上げた突然変異、酵素、核酸などについても同様である。

いくつかのテーマは、歴史的な順序には並べられていない。たとえば、古代ギリシャの科学者たちの考えは、第3章でヨハネス・ケプラーのことを論じたあと、第7章で取り上げた。それは、ギリシャ人たちが何をとらえそこねたかを見たあとのほうが、彼らのことをよく評価できると信じたからである。

科学の本質は、自己修正的であることだ。新しい実験の結果や、すぐれた考えが、たえず古いなぞを解いてゆく。たとえば、第9章で私たちは、ニュートリノという捕らえにくい粒子が、太陽からはきわめてわずかしか放出されていないようにみえることを論じた。それについて、これまでに提出された、いくつかの説も取り上げた。また、第10章では、はるかかなたの銀河が遠ざかってゆくのを、最後に止めるだけの十分な物質が宇宙にあるかどうか、についても論じた。また、宇宙は無限に古くて、創造されたことはないかどうか、についても論じた。

しかし、この問題に光をあてるような実験が、カリフォルニア大学のフレデリック・ライネスによってなされた。彼によると、ニュートリノは三種類あり、太陽を研究しているニュートリノ望遠鏡では、そのうちの一つだけしか検出できないという。また、ニュートリノは、光と違って質量を持っており、したがって、宇宙空間に存在するすべてのニュートリノの引力のため、宇宙は閉じることになり、永久的な膨張は止まるだろう、と彼はいう。

このような考えが正しいかどうかは、将来の実験によって、はっきりすることだろう。しかし、これは、すでに得られた知識が、たえず力強く再検討されていることを示している。それは、科学にとって基本的なことである。

この本のために、多くの人が、さまざまな貢献をしてくれたが、ここにすべての人の名をあげて感謝するわけにはいかない。しかし、私は、とくにB・ジェントリー・リーに、お礼を申し上げる。また、この本の著作と、それをテレビ番組にする仕事のために二年間の休暇を許してくれたコーネル大学の当局と、同僚や学生たちにも、心から感謝する。テレビ番組の脚本をいっしょに書いてくれたアン・ドルーヤンとスティーブン・ソーターにもお礼を申し上げる。このふたりは、基本的な考えや構成、エピソードの知的な、全体的な配列、適切な表現などに関して、しばしば基本的な助言をしてくれ、この本の草稿も熱心に読んで批判してくれた。ふたりは、草稿の書き直しにあたっても建設的、創造的な意見を述べてくれた。彼らが書いたテレビの脚本が、この本の内容にもよい影響を与えた。
この本と、そのテレビ化にあたって多くの人たちと議論できたことは、この「コスモス計画」が私に与えてくれた大きな報酬であった。

カール・セーガン

一九八〇年五月　イサカとロサンゼルスで

1　宇宙の浜辺で

はじめに創られた人びとは、死ぬほど笑わせる魔法使いや、夜の魔法使い、がさつな魔法使い、黒い魔法使いなどでした。……彼らは頭がよく、世界のことは、なんでも知っていました。ひと目見ただけで、自分たちの身のまわりのことを、すべて理解しました。そして、天空や地球の顔のことも、つぎつぎに考えました。……（そこで、創造の神がいいました）「彼らはなんでも知っている……さて、どうしたものか。近くのものしか見えず、地球の顔のほんの一部分しか見えないようにしてやろう。彼らは、私たちが創ったもののなかでは、もともと単純な生きものではなかったのか。彼らもまた神でなければならんのか」と

――マヤ・キチェ族の聖典『ポポル・ブフ』

知識は有限、未知なるものは無限だ。私たちは、未知なることの無限の大洋のまっただ中に

浮かぶ小さな島に立っているようなものだ。私たちの任務は、いく世代にもわたって、わずかばかりの土地を埋め立ててゆくことだ

——T・H・ハクスリー（一八八七年）

宇宙の海へ

宇宙は、昔も今も将来も「存在するもの」のすべてである。私たちの思考力はきわめて弱いけれども、宇宙のことを考えると、私たちは興奮する。背骨がひきつり、声がうわずり、気が遠くなるかのような、遠い昔のことを思い出すかのような、高いところから落ちるかのような、そんな気持ちになる。そのとき、私たちは、もっとも偉大な神秘の世界に近づく。私たちは、そのことを知っているから興奮する。

宇宙の大きさと年齢とは、人間のふつうの理解力を超えている。私たちの小さなふるさと「地球」は、はてしない永遠の宇宙のなかの、迷い子である。宇宙のことに比べれば、多くの人の心配ごとは、とるに足らない、つまらぬことのように思われる。しかし、人類はまだ若く、好奇心に満ち、勇敢であり、将来性にも富んでいる。これまでの数千年のあいだに、私たちは、宇宙と地球について、予期しない驚くべき発見をなしとげた。そして、考えるだけでもうきうきするような探検をなしとげた。思えば、人間は疑問をもつように進化しており、人間にとって、知ることは喜び

なのである。知識はまた、生き残るための前提条件でもある。

私たちは、朝の光のなかに浮かぶチリみたいな、小さな存在にすぎないが、私たちの未来は「宇宙について、私たちがどれだけよく知っているか」にかかっている。私はそう信じる。

このような探検には、懐疑心と想像力とが必要だった。想像力は、私たちを、しばしば、かつて存在しなかった世界へと連れていってくれる。想像力がなければ、私たちは、どこへもいけない。一方、懐疑心は空想と事実とを区別し、私たちの考えたことを検証するのに役立つ。宇宙には、美しい事実、絶妙な相互関係、畏敬《いけい》すべき微妙なからくりが、計り知れないほどたくさんある。

地球の表面は、宇宙という大洋の浜辺である。その浜辺から、私たちは、いま知っていることのほとんどすべてを学んだ。そして、最近、私たちは、ほんのわずかだが、その大洋に足を踏み入れた。つま先は確かに水につかった。あるいは、くるぶしまでぬれているかもしれない。水は、私たちを誘っているかのように思われる。大洋は私たちを呼んでいる。

私たちは、からだのどこかで知っている。私たちは、その大洋からやってきたということを。私たちは、帰りたがっているのだ。私たちの、そんな気持ちは、神を困らせるかもしれない。しかし、それは決して不敬なことではない、と私は思う。

探検を始めよう

宇宙は非常に大きい。したがって、地球上で使うメートルやマイルなどの身近な単位は、ほとんど役に立たない。そのため、距離の測定には、光の速度を使う。光は、一秒間に三〇万キロも進む。それは、地球を七周半する距離だ。太陽から地球まで光が飛ぶのには、八分ほどかかる。太陽から地球までの距離は「八光分」になる。光が一年間に飛ぶ距離は、約一〇兆キロに達する。長さの単位としては、光が一年間に飛ぶ距離を使い、これを「一光年」と呼ぶ。「年」とつくけれども、これは時間を測る単位ではなく、距離を測る単位である。それは、途方もなく大きな距離である。

地球は、一つの場所である。もちろん、ただ一つの場所というわけではない。宇宙を代表するような場所でもない。どの惑星も、星も、銀河も、けっして宇宙を代表してはいない。なぜなら、宇宙の大部分は、からっぽだからである。宇宙を代表する場所は、広大で冷たい遍在する真空のなかにある。そこは、銀河たちのあいだに広がる、永遠の夜の世界であり、非常に奇妙な、荒れはてた場所である。その広大な宇宙のなかでは、惑星や星や銀河は、きわめてまれな、かわいらしい存在だ。

もし、私たちが宇宙のなかに、ポンと勝手に投げ込まれたとしたら、私たちが、惑星の上か、その近くにいる確率は、一兆の一兆倍の、そのまた一〇億倍に一つの率より小さい。一のあとにゼロを三三個つけた数を分母とし、分子を一とした数より小さな確率となるのである。日常の生活では、このような小さな確率の事象は起こり得ない。「世界」というのは、貴重なものなのだ。

銀河と銀河のあいだに立ってながめると、巻き毛のような形をした、弱々しい光が無数に見えることだろう。まるで、宇宙の波の上に散らばったアワのようである。これらが「銀河」である。銀河の仲間には、ひとりぼっちの放浪者もいるが、大部分は、社会のような集団をなしており、ごちゃごちゃ集まって、宇宙空間の巨大な暗黒のなかを、どこまでも漂流していく。私たちの前に広がる宇宙は、私たちが知る限り、もっとも巨大なものである。

いま、私たちは、宇宙船に乗って、地球から八〇億光年ほど離れた星雲のなかにいる。ここは、地球から知られているかぎりの宇宙のはてまでの中間にあたる場所である。

銀河は、ガスとチリと星とから成っている。そこには、何十億も何千億個もの星がある。その星の一つ一つが、宇宙人のだれかにとって太陽であるかもしれない。銀河のなかには、星や世界があり、おそらく、生きものや、知的な存在、宇宙旅行をするような文明が広がっていることだろう。しかし、遠くから見ると、銀河は、貝がらやサンゴのような、かわいらしいものを集めたもののように思われる。それは、宇宙の海のなかで、「自然」が無限に近い時をかけて骨を折って作り上げたものなのだ。

宇宙には、一〇〇〇億個ほどの銀河があり、それぞれの銀河には、平均して一〇〇〇億個ほどの星がある。そして、おそらく、すべての銀河のなかには、その星と同じくらいの数の惑星もあるだろう。その総数は、一〇の二二乗ほど、つまり一〇〇億の一兆倍ほどである。

このような巨大な数を考えると、ありきたりの星の一つにすぎない太陽だけが、人の住む惑星を従えているとは、とても思えない。宇宙の、人知れぬ片すみにいる私たちだけが、そんなに幸運だったといえるのだろうか。そうではなくて、宇宙には生命があふれているとみるほうが妥当なように私には思われる。しかし、私たち人類は、そうであるかどうかを、まだ知らない。私たちは、いま、探検を始めたばかりである。いま私たちがいる八〇億光年のかなたからでは、私たちの銀河系が属している星団を見つけ出すことも困難である。まして太陽や地球を見つけることは、もっとむずかしい。人が住んでいることを、私たちがはっきりと知っているのは、岩と金属の小さなかたまりにすぎないこの地球だけである。それは、太陽の光を反射して弱々しく光っている。

孤独な地球

しかし、私たちは、いま、地球の天文学者たちが局部銀河群と呼んでいるものに近づきつつある。それは、直径が数百万光年もあり、二〇ほどの銀河から成っている。それは、まばらな、ぼやけた、控えめな銀河団である。そして、そのなかにM31という銀河がある。地球から見ると、それはアンドロメダ座にある。ほかの「うずまき型銀河」と同じく、これは星とガスとチリとの巨大な風車である。

M31は、二つの小さな銀河を伴っている。それらは、小さな楕円形の銀河で、引力によってM31に結びつけられている。その引力は、私をイスに引きつけている力と同じもので、同じ物理法則に従うものだ。自然の法則は、宇宙のなかのどこでも同じである。

私たちは、すでに地球から二〇〇万光年のところまでやってきた。

M31の向こうには、もう一つ、非常によく似た銀河がある。それは、私たちの銀河系で、そのうずは、二億五〇〇〇万年に一回の割合でゆっくりと回転している。

いま、私たちは、地球から四万光年のところまでやってきて、銀河系の中心に向かって、どんどん落ちている。しかし、もし地球を見つけようというのであれば、私たちは、銀河系のはるかな端の方へと向きを変えなければならない。地球は、長いうず状の腕の端のところにあるのだ。

うず状の腕と腕とのあいだを飛んでいても、数多くの星が、私たちのそばを流れてゆく。それは、息をのむような光景だ。自ら光を出す美しい星たちが、どこまでも列をなしていて、それらの星のなかには、せっけんのアワのようにもろいものもある。それは、一万個の太陽、一兆個の地球をのみ込むほどに大きい。一方、小さな町ほどの星もある。それらは、鉛の一〇〇兆倍ほどの密度を持っている。いくつかの星は、太陽と同じように孤独であるが、大部分は、仲間たちといっしょである。星は、ふつう二つがひと組になっていて、たがいに相手のまわりをめぐっている。しかし、三つでひと組のものもあり、数十個の星がゆったりと集まっているものもあれば、一〇〇万個ほどの明るい太陽の集まった巨大な球状星団もある。

いくつかの連星は、おたがいに近づきすぎて触れあっており、星の物質がたがいに流れあっている。しかし、大部分の連星は、太陽と木星ぐらいに離れている。

超新星と呼ばれるいくつかの星は、自分の属する銀河系全体と同じくらい明るく輝く。しかし、数キロ離れただけで見えなくなるようなブラック・ホールもある。ある星は、いつも同じ明るさで輝いているが、不安定にちらつく星や、一定のリズムでまたたく星もある。優雅に自転する星もあるし、あまり激しく自転するため、平べったくなっている星もある。

多くの星は、主として可視光線や赤外線を出して輝いているが、強いエックス線や電波を出す星もある。

青い星は熱くて若く、黄色い星はありふれた中年である。赤い星の多くは老年で死にかけており、小さな白い星や暗い星は、死の苦しみにあえいでいる。

銀河系のなかには、いろいろな種類の星が四〇〇〇億個ほどもあり、複雑で秩序ある優雅さをもって動いている。これらのすべての星のうち、地球の住人たちがこれまでに近くで見ることができた恒星は、ただ一つ、太陽だけである。

それぞれの星の集団は、宇宙のなかの島のようなものである。島と島とは、おたがいに何光年も離れている。これらの無数の世界に住む生物たちが、進化して知識らしいものを持ち始めたとしたら、はじめには、彼ら自身の小さな惑星と、つまらぬいくつかの太陽とがすべてであると思うことだろう。私は、きっとそうだと想像する。私たちは、孤独のうちに成長する。宇宙のことは、ゆっくりとしかわからないのである。

いくつかの星のまわりには、数百万の岩石の小世界があることだろう。それは、進化の初期の段階で凍りついてしまった惑星系である。たぶん、多くの星が、私たちの太陽系と同じような惑星系を持っていることだろう。その惑星系の端のほうには、巨大なガス状惑星があるだろう。その惑星は輪を持ち、氷のような衛星を従えていることだろう。そして、中心に近いところには、小さくて暖かな、青白い、雲におおわれた惑星があるだろう。

それらの惑星のいくつかには、知的な生物が住み、巨大な土木工事で惑星の表面を作り変えていることだろう。このような知的な生物は、私たちの兄弟であり姉妹である。彼らは、私たちとはかなり異なるのだろうか。彼らの形はどうなのか。彼らの生化学、神経生理学、歴史、政治、科学、技術、芸術、音楽、宗教、哲学などはどうだろうか。いつの日か、私たちは、それを知ることができるだろう。

私たちは、いま、地球から一光年のところまでやってきた。ここは地球の裏庭だ。巨大な雪玉が数多く集まって球状の群れとなり、太陽のまわりをめぐっている。その雪玉は、氷と岩と有機物からできているが、これらは、彗星《すいせい》の核となるものだ。ときたま、ほかの星が、この雪玉の群れの近くを通りすぎると、そのわずかな引力のため、雪玉の一つが引っぱり出され、太陽系のなかへと、よろめきながら走ってゆく。太陽に近づくと、その熱のために雪玉の氷が蒸発し、彗星の美しい尾ができあがる。

ようこそ地球へ

私たちは、太陽系のやや大きい惑星たちに近づいている。それらは、太陽に捕らえられ、その引力によって、円に近い軌道を回り、主として太陽の光によって熱せられている。

冥王星は、メタンの氷でおおわれ、たった一つの大きな衛星カロンを従えている。この惑星は、遠く離れた太陽の光で照らされているだけなので、まっ暗な天空のなかの、小さな光点のようにしか見えない。

それから巨大なガス状の惑星が並ぶ。海王星、天王星、土星……。土星は太陽系の宝石だ。そして木星。これらはすべて、氷の衛星を従えている。

このようなガス状惑星と、軌道を回る氷山の内側には、太陽系内部の暖かい岩石の世界がある。そこには、たとえば、赤い惑星の火星がある。火星には、そびえ立つ火山や、大きな長い谷間や、全面を覆うような砂あらしがある。そして、たぶん単純な形の生命も存在するだろう。すべての惑星は太陽のまわりを回っている。

私たちにとってもっとも近い星である太陽は、水素ガスとヘリウム・ガスの地獄である。そこでは核融合反応が起こっており、その光は太陽系のなかにあふれている。

そして、放浪のはてに、私たちは、小さな青白い私たちの世界に戻ってきた。どんな大胆な想像もおよばぬほどに広大な宇宙の大洋のなかで、こわれやすい私たちの世界は、まるで迷い子のようなものだ。それは、無数の世界のなかの一つの世界である。それは、私たちにとってだけ大切なものだろう。地球は、私たちの家であり、私たちの親である。一つの型の生命が、ここで芽生え、ここで進化した。人類は、ここで自分たちの時代を迎えた。この世界のなかで、私たちは、宇宙探検の情熱をはぐくんだ。いくらかの痛みを伴い、なんの保証もないまま、ここで私たちは自分たちの運命と向かいあっている。

ようこそ地球という惑星へ。ここには、窒素ガスの青い空があり、液体の大洋があり、涼しい森や、やわらかな草原がある。ここは、生命のたゆたう世界である。宇宙全体から見ると、すでに述べたように、ここは、心を打つような美しさを持つ、ごくまれな世界なのだ。そして、差しあたっては、ほかに例のない世界である。

私たちは、宇宙の空間と時間のなかを旅してきた。しかし、宇宙の物質が生命を得て息づいている場所は、この地球だけである。

宇宙のなかには、このような世界が、ほかにも数多く散らばっていることだろう。しかし、その捜索は、いま始まったばかりである。人類の男女が、一〇〇万年以上にわたってきわめて高価な代価を払って蓄積してきた知恵を動員して、私たちは、ほかの生物の世界を探すのだ。

頭がよくて、情熱的で、好奇心の強い人たちの間に私たちは生きている。知識を探究することが称賛される時代に私たちは生きている。そういう意味で、私たちは恵まれている。

人間は、もともと星から生まれ、そしていま、しばらくのあいだ、地球と呼ばれる世界に住んでいる。だが、私たちは、これから、ふるさとの星に戻る長い旅路につくのだ。

地球を測った男

人類の偉大な発見の多くは、古代の近東地域でなされた。地球は一つの小さな世界にすぎない、ということも、古代の近東地域で見つけ出された。それは、紀元前三世紀ごろ、当時の最大の都市であったエジプトのアレキサンドリアで発見された。

そのころ、アレキサンドリアに、エラトステネスという男が住んでいた。彼のことをうらやんでいた仲間のひとりは、彼を「ベータ」と呼んだ。「ベータ」とは、ギリシャ文字の配列の二番目の文字である。その仲間によれば、エラトステネスは、世のなかで二番目にいろんなことをよく知っていたので「ベータ」というあだ名をつけられたという。

しかし、エラトステネスは、ほとんどすべてのことについて「アルファ」であったと思われる。彼は天文学者であり、歴史学者、地理学者、哲学者、詩人、劇評家、数学者でもあった。

彼が書いた本の題名は『天文学』から『痛みからの自由について』にまでおよんでいる。彼は、アレキサンドリア図書館の館長も務めていたが、そこで、ある日、パピルスの文献を読んだ。その本には、ナイル川の第一の急流に近いシエネという南方の辺境駐留地の話が出ていた。そこでは、六月二一日の正午には、垂直に立てた棒には影ができないというのである。一年のうちでもっとも昼の長い夏至の日に、時刻が正午に近づくと、寺院の円柱の影はしだいに短くなり、正午には、消えてなくなる。そして、太陽は、深い井戸の水面にも自らの姿を映している。太陽は真上にくる、というのであった。

それは、ふつうの人なら見逃してしまうようなことだった。棒、影、井戸の水面の反射、太陽の位置などという、ありきたりの日常の出来事に、どれほどの重要性があるというのか。しかし、エラトステネスは科学者であった。彼は、このような、ありきたりの出来事をじっくりと考え、世界

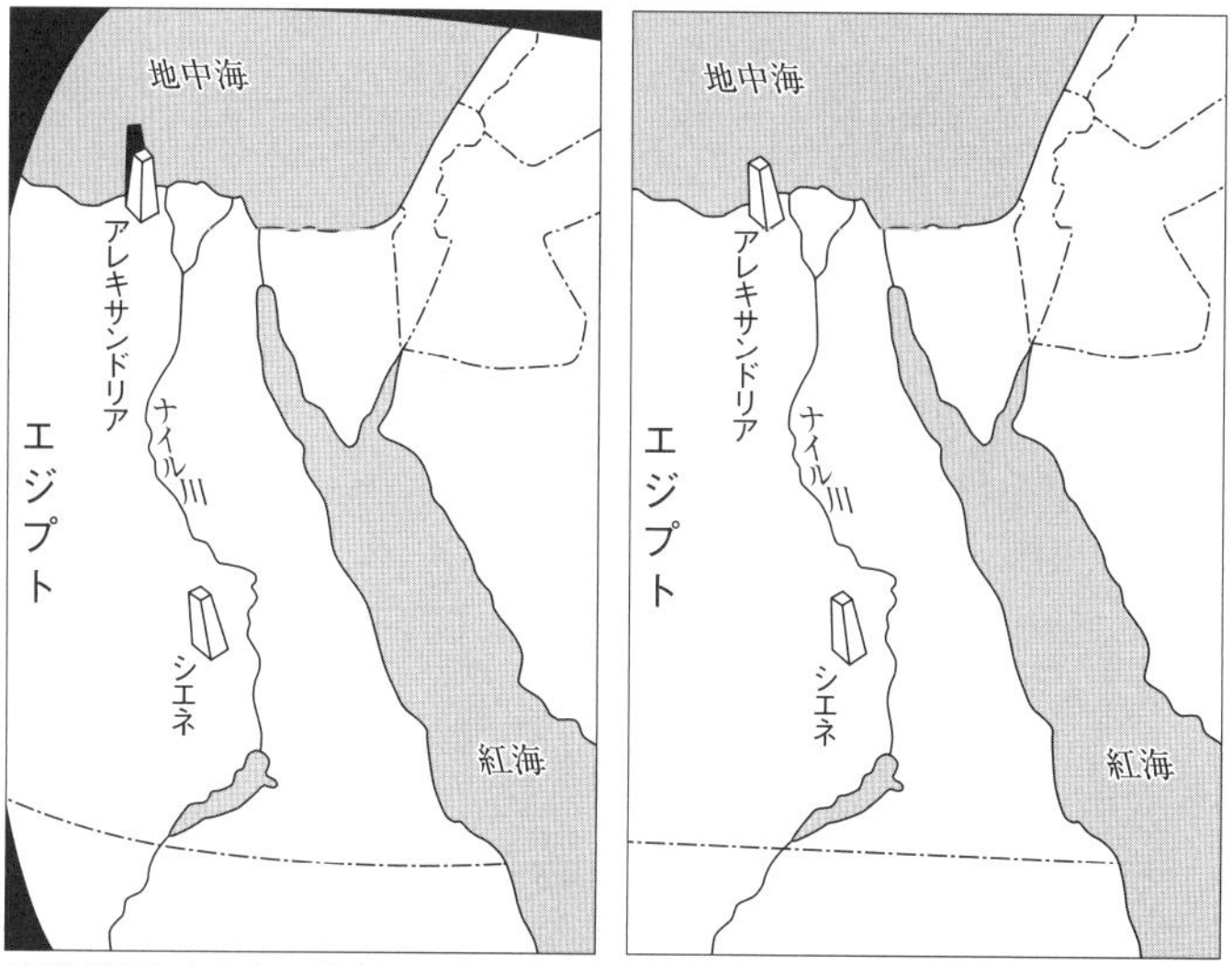

地球が平らならシエネとアレキサンドリアにあるオベリスクは、6月21日の正午には、どちらも影を落とさない（右）。地球が曲面になっていれば、シエネのオベリスクは影を落とさず、アレキサンドリアのオベリスクは影を落とす。

を変えてしまった。いや、世界を作りあげたのだった。

エラトステネスは、実験をする心を持っていた。彼は、アレキサンドリアで垂直に立てた棒が、六月二一日の正午に影を落とすかどうかを観察した。そして、棒は影を落とすことを発見した。

エラトステネスは自問した。同じ時刻に、シエネの棒は影を落とさず、ずっと北のアレキサンドリアの棒はくっきりと影を落とす。それは、なぜだろうか。ここで、古代エジプトの地図を考えてみよう。そして、同じ長さの棒をアレキサンドリアとシエネとに一本ずつ垂直に立ててみよう。そして、同じ時刻に、二つの棒がともに影をまったく落とさないと想像してみよう。この場合は、地球が平らであると考えれば、きわめてたやすく理解できる。太陽は、このとき、真上にあるわけだ。

もし、二本の棒が同じ長さの影を落とすとしたら、この場合も、地球が平らなら筋の通った話となる。太陽の光は、二本の棒に対して同じ角度だけ傾いているわけだ。

しかし、同じ時刻に、シエネの棒は影を落とさず、アレキサンドリアの棒は、はっきりした影を落とす。これは、いったい、どういうことなのか。

ただ一つの答えは、地球の表面が曲がっているからだ、と彼は考えた。それだけではなく、曲がりかたが大きければ大きいほど、影の長さの差は大きくなる、と彼は考えた。

太陽は非常に遠く離れているので、その光が地球に届くときには、平行光線となっている。したがって、太陽光線に対して、違った角度で棒が立っていれば、影の長さに差ができる。シエネとアレキサンドリアとで生じる棒の影の長さの違いは、地球の表面にそって七度の差に相当するものだった。二本の棒が地球の中心まで伸びていると考えれば、この二本の棒は、中心のところで、七度の角をなして交わるはずである。七度というのは、地球の全周三六〇度の約五〇分の一である。

エラトステネスは、ひとりの男を雇って、アレキサンドリアからシエネまでの距離を歩幅で測らせた。その距離は約八〇〇キロであった。それを五〇倍すれば、約四万キロとなる。これが、地球の周囲の長さに違いない。

それは、正しい答えであった。エラトステネスが使った道具は、棒と目と足と頭脳と、それから実験をする趣味だけであった。それだけで、彼は、地球の周囲の長さを数パーセントの誤差で算出した。二二〇〇年も前の業績としては、すばらしいものであった。彼は、一つの惑星の大きさを正確に測定した最初の人間であった。

そのころ、地中海沿岸に住む人たちは、よく航海するので有名だった。アレキサンドリアは、地球上でもっとも大きな港だった。地球が適度な直径の球形だとわかれば、だれでも探検の航海をしてみたくなるだろう。未発見の土地を探し、できることなら、地球を一周してみたいと思うのではないだろうか。

エラトステネスの時代より四〇〇年も前に、エジプト王ネコに雇われたフェニキアの船隊が、アフリカを一周した。彼らは、おそらく、こわれやすい舟に乗って紅海の港を出たのだろう。それからアフリカの東海岸を南下し、大西洋側を北上し、地中海を通って戻ったのだろう。この英雄的な航海には三年もかかったが、それは、現代の惑星探査機ボイジャー（航海者）が、地球から土星に飛ぶのに必要な歳月とほぼ同じである。

エラトステネスの発見のあと、勇敢な冒険好きの船乗りたちが、壮大な航海をしばしば試みた。彼らの船は小さかった。彼らは、初歩的な航法具しか持たなかった。彼らは、当てもなく、できる限り海岸線にそって航海した。未知の大洋を行くときには、毎晩、水平線と星座との位置関係を観測して緯度を知った。しかし、経度はわからなかった。未知の大洋のまんなかにいるとき、見なれた星座が見えれば、彼らは気が安まったに違いない。星は探検者たちの友である。当時の地球の海を行く船にとっても、現在の天空を行く宇宙船にとっても、星は友である。

エラトステネスのあと、地球一周の航海を試みた人もいた。しかし、マゼランの時代まで、だれも成功しなかった。船乗りや探検家のような、世界の実践的な人たちが、アレキサンドリアの科学者の計算結果に命を懸けた。いったい、どのような冒険の物語があったのだろうか。

エラトステネスの時代には、宇宙から見た地球は、球の形に作られた。よく探検された地中海のあたりの地図は、まことに正確だったが、アレキサンドリアから離れれば離れるほど、地図は不正確となっていた。宇宙に関する私たちの知識も、このような、不快だが避け得ない特徴を持っている。

一世紀に、アレキサンドリアの地理学者ストラボンは、つぎのように書いている。

地球一周の航海を試みて戻ってきた人たちは「行く手に大陸があって先へ進むことができなかった」とはいわない。海は完全に開けていた。しかし、不屈の精神に欠け、水や食糧が不足したため、彼らは先へ進むことができなかったのだ。……エラトステネスはいう。「大西洋の広さが妨げとならないなら、イベリア半島からインドまで、海を通って楽に行けるはずだ」と。……温帯には、人の住めるところが、一つや二つはあるかもしれない。……しかし、そのようなほかの世界に住んでいるのは、私たちとは違った人間かもしれない。私たちは、それを別な世界とみるべきだろう。

人類は、まさに別な世界への探検を始めつつあった。

地球から宇宙へ

その後の地球の探検は、世界的な規模のものであった。中国やポリネシアへ向けての航海もあったし、中国やポリネシアから出発する航海もあった。そして、いうまでもなく、クリストファー・コロンブスによるアメリカの発見と、その後の数世紀にわたる航海とが、一つの頂点となった。それらによって、地球の探検は完結した。

コロンブスの最初の航海は、エラトステネスの計算結果と直接的な関係を持っていた。コロンブスは、「インド諸国の探検」と自ら呼んだ計画に魅せられていた。それは、アフリカの海岸ぞいに東へ向かうのではなく、西側の未知の大洋へと大胆に乗り出して、日本、中国、インドに到達しようという計画だった。つまり、エラトステネスが、驚くべき予見力を持って述べたように「海を通って、イベリア半島からインドへ行く」ことを、コロンブスは考えたのだ。

コロンブスは、古い地図を広げていろいろ考えるのが好きだったし、古代の地理学者が書いた本や、彼らについて書かれた本も熱心に読んだ。それらの本のなかには、エラトステネス、ストラボン、プトレマイオスたちの著書も含まれていた。

しかし「インド諸国の探検」を実現するには、船や乗組員が長い航海に耐えねばならず、そのためには、地球は、エラトステネスの計算よりも小さくなければならなかった。そこで、コロンブスは、サラマンカ大学の検討委員会が正しく指摘したように、計算をごまかした。彼は、地球の円周として最小の数値を使い、彼が読んだ本のなかで、アジア大陸の東への広がりを最大に見積もっているものを採用し、しかも、それらの数字をさらに誇張した。

もし、アメリカが途中に横たわっていなかったら、コロンブスの探検はみじめな失敗に終わったことだろう。

地球は、いまや完全に調べられた。もはや、新しい大陸や、失われた大地を発見することはできない。しかしながら、地球上のもっとも遠い地方を探検し、そこに住むことを可能にした技術が、いま、地球を離れ、宇宙へ飛び出し、別の世界を探検することをも可能にした。私たちは、いま、この惑星を離れ、上から見ることができる。それは、エラトステネスがいった通りの大きさの球である。大陸の輪郭を見れば、古代の地図作成者の多くが、どれほど優秀であったかがわかる。エラトステネスや、そのほかのアレキサンドリアの地理学者たちが、この丸い地球を見たら、どれほど喜んだことだろう。

人間が重要な知的冒険を始めたのは、古代のアレキサンドリアにおいてであった。それは、紀元前三〇〇年ごろに始まり、六〇〇年ほど続いたが、そのような知的冒険のおかげで、私たちは、宇宙の浜辺までくることができた。しかし、栄光の大理石の都市をしのばせ、感じさせるようなものは、アレキサンドリアには、なにも残っていない。学問に対する恐怖と迫害とが、古代アレキサンドリアの記念となるようなものを、ほとんどすべて消し去った。

アレキサンドリアには、驚くほど多彩な人たちが住んでいた。マケドニアの兵隊、のちにはローマの兵隊、エジプトの僧、ギリシャの貴族、フェニキアの船乗り、ユダヤの商人、アフリカのサハラ以南やインドからの訪問者たちだ。アレキサンドリアが栄えていたころには、多数の奴隷は別として、これらの人たちは、たがいに尊敬し合い、調和のうちに暮らしていた。

この都市は、アレキサンダー大王の要請によって、彼の元護衛兵が建設した。アレキサンダー大王は、外国の文化を尊重し、心を開いて知識を求めるようにと説いた。伝説によれば、彼は、鐘の形をした、世界最初の潜水球に入って紅海に潜ったという。それが真実かどうかは、ここではあまり問題ではない。彼は、また、彼の部下である将軍や兵卒たちが、ペルシャやインドの婦人たちと結婚するのを奨励した。彼は、外国の神々も敬った。外国の生物も集め、自分の先生であるアリストテレスには象を贈った。

アレキサンダー大王の都市アレキサンドリアは、世界の商業、文化、学問の中心として、惜しみなく大規模に建設された。幅三〇メートルの広い道路が走り、上品な建物や彫像、アレキサンダー大王の巨大な墓、壮大な灯台などがあった。その灯台は「ファロス」と呼ばれ、古代世界の七不思議の一つに数えられていた。

最古の図書館

しかし、アレキサンドリアで最も驚嘆すべきものは、図書館と、それに付属した博物館とであった。文献によると、文芸と学術をつかさどるギリシャの九人の姉妹神にささげられたものだった。

この伝説的な図書館の建物のうち、今日まで残っている最大のものは、「セラピウム」と呼ばれる、暗く忘れられた地下室である。セラピウムとは、もともとセラピス神をまつる神殿だったが、後に、知識を追究する図書館の別館に改造された。現在は、くずれかかった棚が、いくつか残っているだけだ。

しかし、ここは、地上で最大の都市の、頭脳と栄光の場所であった。世界の歴史上、最初の真の研究所であった。図書館の学者たちは、宇宙全体について学んだ。宇宙を意味する「コスモス」という言葉はギリシャ語で、万物の秩序を意味していた。それは、混乱を意味する「カオス」の反対の言葉であった。「コスモス」は、すべてのものの深い関係を表す言葉である。「コスモス」という言葉には、宇宙を一体にしている、複雑で微妙なやり方に対する畏敬の念がこめられている。

そこには、物理学、文学、医学、天文学、地理学、哲学、数学、生物学、工学などを研究する学者たちの共同体があった。科学と学問の時代がやってきていたのだ。才能がここで花開いた。アレキサンドリアの図書館は、人間が初めて真剣に組織的に、世界についての知識を集めた場所であった。

そこには、エラトステネスのほかに、ヒッパルコスという天文学者もいた。彼は、星座図を作り、星の明るさを推定した。ユークリッドもいた。彼は、幾何学をみごとに体系化した。数学のむずかしい問題と取り組んでいる王に向かって、彼は「幾何学に王道なし」と告げた。

ディオニュシオス・トラクスは、単語の品詞を定義し、ユークリッドが幾何学でなしとげたようなことを、言葉の学問においてなしとげた。生理学者のヘロフィロスは、知性が宿っているのは心臓ではなく脳であることを明らかにした。ヘロンは歯車装置と蒸気機関を発明し、『自動機械』という著作を残した。これは、ロボットについての最初の本であった。ペルゲのアポロニオスという数学者は、楕円、放物線、双曲線が円錐《えんすい》曲線[*1]であることを示した。惑星や彗星や星は、このような曲線の軌道にそって飛ぶことを、私たちは知っている。

レオナルド・ダ・ビンチ以前の最大の技術的天才であったアルキメデスも、ここにいた。天文学者でもあり地理学者でもあったプトレマイオスもいた。彼は、今日、ニセの科学となっている占星術に関するデータの大部分を集めた。地球が宇宙の中心である、という彼の説は、その後一五〇〇年間も支配的な力を持っていた。これは、知的能力のすぐれた人でも、あやまちを犯すことがあるという見本である。

このような偉大な男たちに交じって、偉大な女性もいた。それは、ヒュパティアという女性で、数学者でもあり、天文学者でもあった。彼女は、アレキサンドリア図書館の最後の光であった。この図書館は、創設されてから七世紀ののちに破壊されたが、ヒュパティアはそのとき殉死した。そのことは、あとで述べよう。

アレキサンダー大王のあとを継いだエジプトの王たちはギリシャ人であったが、彼らは学問を愛していた。彼らは、何世紀にもわたって、研究を支援し、その時代のもっともすぐれた学者たちが快適に研究できる環境を図書館のなかに作り出していた。そこには、一〇の大きな研究広間があり、それぞれ別のテーマの研究にあてられていた。噴水があり、円柱が並び、植物園、動物園、解剖室、天文台などがあり、大きな食堂もあった。食堂では、いろいろな考えに対する批判的な討論が研究のあいまに展開された。

図書館の心臓部には、蔵書があった。図書館の人たちは、世界のあらゆる文化、あらゆる言語の本を探した。彼らは、外国に人を派遣して、書物を買い集めた。商船がアレキサンドリアの港にはいると、警官が船内を捜索した。それは、密輸品を捜すためではなく、本を捜すためだった。巻物があれば、借りて写し、もとの持ち主に戻した。正確な数を推定することはむずかしいが、この図書館には、パピルスの手書きの巻物が五〇万巻近くあったと思われる。

これらの書物は、いったい、どうなったのだろうか。これらの書物を生んだ古代の文明は崩壊してしまい、図書館は壊されてしまった。蔵書のほんの一部だけが残り、ちぎれた書物が、もの悲しく散らばっているだけだった。しかし、そのちぎれた書物でも、よだれの出そうなものばかりだった。

たとえば、図書館の棚には、サモス島のアリスタルコスという天文学者が書いた本があった。この書物は、地球が惑星の一つであることを説いていた。地球も、惑星たちと同じように太陽のまわりをめぐっており、星たちは、とても遠いところにあると、この書物には書いてあった。これらの結論は、それぞれまったく正しいものであったが、これが再発見されるまでに、私たちは二〇〇〇年近くも待たなければならなかった。

アリスタルコスの、この書物が失われたことは、まことに残念であった。そして、古代文明の壮大な成果と、その悲劇的な破壊のことを思うと、その残念さは、一〇万倍にもふくれ上がるのである。

二〇〇億年の歴史

今日、私たちの科学は、古代世界の科学をはるかに上回っている。しかし、私たちの歴史的な知識のなかには、取り返しのつかない空白がある。もし、アレキサンドリア図書館がいまもあり、貸出証で本が借りられたら、われわれの過去について、さまざまななぞを解くことができただろう。

ベロソスというバビロニアの僧が、三巻の世界史を書き残したことを、私たちは知っている。しかし、それは、なくなってしまった。この世界史の本の第一巻は、天地創造の時から大洪水までのことを取り上げたもので、その期間は四三万二〇〇〇年におよんだとベロソスは考えていた。それは、旧約聖書の年代記の一〇〇倍ほどの長さである。ベロソスの本に書かれていたことを知りたいものだ。

古代の人たちは、世界が非常に古いことを知っていた。彼らは、はるか昔のことを知ろうと努めた。しかし宇宙は、彼らが想像したよりもはるかに古い。そのことを、いま、私たちは知っている。

私たちは、宇宙のさまざまなものを調べてみて、私たちが、チリの上に生活していることを知った。そのチリは、ぼんやりした銀河の、もっとも辺鄙《へんぴ》な片すみの、つまらぬ星のまわりをめぐっている。私たちは、巨大な宇宙空間のなかの、永遠の時間の流れのなかで、ほんの一瞬だけ生きているにすぎない。

いま、私たちは知っている。宇宙は、そのもっとも新しい誕生のときから数えても、一五〇億年か二〇〇億年もたっている、ということを。これは、「ビッグ・バン（大爆発）」と呼ばれる、すさまじい爆発があったときから数えた年数だ。その宇宙の始まりのときには、銀河も星も惑星も、もちろん生命も文明もなかった。まばゆい一様な火の玉が宇宙空間のすべてを満たしているだけだった。ビッグ・バンの混乱から、秩序ある宇宙への過程で、物質とエネルギーの恐るべき変容があった。私たちは、それを、いま知り始めたところであり、私たちは、それをのぞいてみる特権を持っている。そして、どこかに、もっと知的な生物を発見するまでは、私たち自身が、あらゆる変容のなかで、もっともめざましい変容なのである。私たちは、ビッグ・バンのはるかな子孫であり、宇宙を理解し、その宇宙を変容させるべく生まれてきたのだ。

＊1＝楕円、放物線、双曲線は、頂点を通らない一平面で円錐を切ったとき、切り口にできる曲線なので、円錐曲線と呼ばれる。一八世紀のちに、ヨハネス・ケプラーは、アポロニオスの本を自ら読んで、惑星の運動を初めて理解した。

2

宇宙の音楽《フーガ》

私は、世界の神に従うように命じられています。神は、チリからあなたを創り給うたのです

――『コーラン』第四〇章

この地球上で生きたことのあるすべての生物は、おそらく、初めて息づいた原始的な生物の子孫である。……生命をこのように見るのは壮大なことである。……この惑星が、引力の法則に従ってめぐっているあいだに、もっとも簡単な最初の生物から、もっとも美しく、もっともすばらしい生物が、限りなく進化して来たし、いまも進化しており、これからも進化し続けていくだろう

――チャールズ・ダーウィン『種の起源』（一八五九年）

わが世の春

私は、「地球以外のところにも生物がいるのではないか」と、ずっと考え続けてきた。それは、どんな生物だろうか。その生物は、どんなものでできているのだろうか。

地球上の生物は、すべて、有機化合物の分子で作られている。それは、複雑な、微細な構造物であり、そのなかでは、炭素の原子が中心的な役割をはたしている。

生命が誕生する前の地球は、荒れた、寂しい世界だった。しかし、いま地球では、生命の花が咲き誇っている。この生命は、どのようにしてできたのだろうか。生命が存在しないときに、炭素を基本とした有機化合物の分子がどのようにして作られたのだろうか。最初の生物は、どのようにして生まれたのだろうか。

私たちは、自分たちの起源にまつわるなぞまで調べることができるが、このような、手のこんだ複雑な動物に至るまで、生物はどのように進化してきたのだろうか。生物は、そのような人間に至るまで、どのようにして進化してきたのだろうか。

ほかの太陽のまわりをめぐっている無数のほかの惑星にも、生命があるのだろうか。地球以外にも生物がいるとしたら、それらもまた、地球上の生物と同じような有機化合物の分子でできているのだろうか。ほかの世界の生物も、地球の生物とよく似ているのだろうか。それとも、別な環境に適応して、驚くほど違うのだろうか。ほかにどんなものが存在しうるのだろうか。

地球上の生命の本質を調べることと、地球以外の生命を探すこととは、「私たちは、いったい何なのか」という一つの問いの二つの側面にほかならない。

星と星との間の、巨大な暗い空間には、ガスの雲とチリと有機物とがある。何種類もの有機分子が、そこに存在することは、電波望遠鏡で確かめられている。このような分子が豊富に存在することは、生命の材料は、どこにでもあるということを示している。生命の誕生と、その進化とは、十分な時間さえあれば、宇宙では、たぶん必然的なことなのだろう。

天の川銀河系のなかにある数十億個の惑星のなかには、生命が一度も芽生えなかったものもあるだろう。芽生えたけれども、きわめて単純な形以上には進化せずに死に絶えた、という惑星もあるだろう。だが、数多くの惑星のうちのいくつかには、私たち人間よりももっと進歩した知能と文明を持つ生物がいるかもしれない。

「地球は、温度も適当なら、水もあり、酸素の大気もある。生命を宿すのに、まったくぴったりの場所だ。なんという幸運な偶然がいくつも重なったことだろう」という人が、ときどきある。

しかし、これは、少なくとも部分的に、原因と結果とを取り違えている。私たち地球の生物は、地球で育ったから、地球の環境にきわめてよく適応しているのである。よく適応することのできなかった初期の生物は死んだ。私たちは、うまく適応した生物の子孫なのである。まったく違った世界で進化した生物たちも、間違いなく「わが世の春」を楽しんでいるはずである。

地球上の生物は、たがいに密接な関係を持っている。私たちは、同じ有機化学の法則に従っているし、同じ進化の道をたどってきた。したがって、地球上の生物学者の研究テーマは、非常に限定されている。生物学者たちは生物学しか研究していない。生命の音楽のなかの、さびしい一つの主題だけを研究しているにすぎない。このかすかなかん高い調べは、数千光年におよぶ広い宇宙空間のなかで、ただ一つの声なのだろうか。それとも「宇宙の音楽《フーガ》」というようなものがあって、主旋律のほかに、対位旋律や、不協和音や和音が奏でられているのだろうか。一〇億もの違った声があって、そこでの銀河の「いのちの歌」を歌っているのだろうか。

壇ノ浦の悲劇

ここで、地球の「いのちの歌」の一節について、話をしよう。一一八五年のことだ。日本の安徳天皇は、七歳の少年だった。彼は、平氏という武士の一族の名目上の指導者であった。平氏は、源氏というもう一つの武士の一族と、長期にわたって血みどろの戦争を続けていた。平氏も源氏も、みずからを天皇家の子孫であると主張していた。

両者の間の決定的な海戦が、一一八五年三月二四日、瀬戸内海の壇ノ浦で行われた。安徳天皇も、軍船に乗っていた。平氏は軍勢の数も少なく軍略もまずかった。数多くの武士が殺され、生き残った人たちは、みずから海に身を投げ、おぼれて死んだ。その数もおびただしいものだった。天皇の祖母にあたる二位の尼は「自分や天皇を敵の捕虜としてはならない」と決心した。その後のことは『平家物語』に書かれている。

天皇は、その年、七歳だったが、ずっと年長のように見えた。彼は、非常にかわいらしく、まわりに光を放っているかのように思われた。長い黒髪は、ゆったりと背中までたれさがっていた。驚きと不安の面持ちで、天皇は二位の尼にたずねた。「私をどこへ連れてゆくのか」と。二位の尼のほおを涙が伝った。彼女はふり向いて……幼い天皇を慰めた。彼は山鳩色《やまばといろ》の御衣を着て、髪はたばねていた。天皇とはいえ、子供の彼は、目に涙をたたえて、美しい小さな手を合わせた。そして、まず東を向いて伊勢の神に別れを告げ、それから西を向いて念仏をとなえた。二位の尼は、天皇をしっかりと抱いて「深い海のなかに、私たちの都がございます」といいながら海に飛び込み、ついに波間に沈んだ（訳注＝アメリカで読まれている英文の『平家物語』の内容）。

平氏の軍船はすべて打ち壊され、わずか四三人の婦人しか生き残らなかった。これらの宮廷の侍女たちは、戦いの場の近くの漁師たちに春をひさがざるを得なかった。平氏の一族は、ほとんどすべて歴史から消された。しかし、もとの侍女たちや、漁師との間にできた子孫たちは、いくさをしのぶお祭りを始めた。お祭りは、その日を記念し、新暦になおして、毎年四月二四日に行われている。平氏の子孫である漁師たちは、麻の直垂《ひたたれ》を着て黒い烏帽子《えぼし》をかぶり、海に沈んだ安徳天皇の御霊をまつった赤間神宮まで行列する。そして、壇ノ浦の戦いのあとに起こったことを再現した劇を見る。何世紀たっても、人々は、幽霊の武士の軍団が見えると信じている。その武士たちは、海の水を清めようと、空しく努める。血と敗北と屈辱に満ちた海水をくみ出そうとするのである。

平氏の武士たちは、カニに姿を変えて、いまも瀬戸内海の底をさまよっている、と漁師たちはいう。そこには、甲羅《こうら》に奇妙な模様をもったカニがおり、その模様は、武士の顔に驚くほど似ている。このカニが網にかかっても、漁師たちは食べない。壇ノ浦の悲しい戦いをしのんで海に戻すのである。

この伝説は、おもしろい問題を提起している。いったい、どうやって、武士の顔がカニの甲羅に刻まれたのだろうか、という問題だ。答えは「人間が顔を作った」ということだろう。カニの甲羅の模様は、遺伝によって決まるものである。しかし、人間の場合と同じように、カニにもいろいろな遺伝の系統がある。カニの遠い祖先のなかに、偶然、甲羅の模様が、ほんのちょっと、人間の顔に似たものがあったとしよう。壇ノ浦の戦いの前でも、漁師たちは、そのようなカニを食べるのをためらったりしたことだろう。彼らは、そのようなカニを海に戻すことによって、カニの進化に介入した。

もし、甲羅の模様が人間の顔に似ていなければ、そのカニは人間に食べられてしまい、子孫の数は少なくなってゆく。甲羅の模様がいくらかでも人間の顔に似ていれば、そのカニは海に戻してもらえるので、子孫の数が多くなる。甲羅の模様は、カニにとって、運命を左右するものであった。

そのようにして、カニも漁師も、何世代かを経過した。その間、武士の顔にもっともよく似たカニだけが選択的に生き残った。そして、つまるところ、人間の顔、日本人の顔に似ているというだけではなく、恐ろしいしかめっつらの武士に似ているカニができあがった。これらのことは、カニが望んだわけではない。選択は外からなされた。武士に似ていればいるほど、生き残る可能性は大きかった。その結果、武士の顔をしたカニが多くなった。

ヘイケガニの甲羅

この過程は、人為選択（人為淘汰《とうた》）と呼ばれている。ヘイケガニの場合、漁師たちは、人為選択をしようなどとは思っていなかったし、カニのほうも、そんなつもりはなかっただろう。しかし、人間は、何万年ものあいだ、どの植物と、どの動物は生かしておくべきであり、どれは殺すべきかを、たえず選択してきた。私たちは、赤ちゃんのころから、見なれた農場、家畜、くだもの、木、野菜などに取り囲まれてきた。それらは、どこからきたのだろうか。それらは、かつて野生の自由な暮らしをしていたのに、のちに、農園のいくらか楽な暮らしに適応するように仕向けられたのだろうか。いや、事実は、決してそうではない。それらの多くは、私たちが作り出したのである。

一万年前には、乳牛も猟犬もいなかったし、穂の大きなトウモロコシもなかった。このような植物の先祖を私たちが栽培し始め、そのような動物を私たちが家畜化したとき、それらは、まったく違った姿だったかもしれない。私たちは、それらの繁殖を管理した。私たちにとって都合のよい変種ができれば、私たちは、それを選択的に繁殖させるようにした。羊の世話をしてくれる犬が欲しいときには、頭がよくて、従順で、羊の群れを追う先天的な才能を持つ血統の犬を選んだ。群れをなしてうろつく動物を飼うときには、このような犬が役に立つのだ。

乳牛の大きくふくれた乳房も、人間が牛乳とチーズに関心を持った結果、できあがったものだ。トウモロコシの先祖も、やせっぽちだった。それを私たちが一万世代にもわたって栽培し、貧相な先祖よりおいしくて、より栄養のあるトウモロコシに育て上げたのである。それは、大きく変化したため、人間が手助けしなければ、子孫もつくれない始末になっている。

ヘイケガニ、犬、牛、トウモロコシの穂などで見た人為選択の本質はこうである。植物や動物のからだや行動の特質は、大部分その通りに子孫に伝えられる。親にそっくりの子供ができるのだ。人間は、理由が何であれ、ある変種の繁殖を助け、別な変種の繁殖を妨害した。その結果、選ばれて繁殖を助けられた変種は数がふえ、逆の選択をされたものは数が減り、おそらく絶滅したのだろう。

無能だった創造主

植物や動物の新しい品種を作ることが人間にできるのなら、自然にもきっとできるはずである。

このような自然の働きは自然選択（自然淘汰）と呼ばれている。

長い年月のあいだに、生物が根本的に変わったことは、人類が地球上に登場してからの短い期間にみられた動物や植物の変化からも、そして化石の証拠からも、まったく明らかだ。

大昔には、別な生物が地球上に数多くいた。しかし、それらの生物は、完全に消えてしまっている。化石が、そのことを私たちにはっきりと教えてくれる[*1]。

いま生きている動物や植物よりも、はるかに多くの種類の動物や植物が、地球の歴史のなかで絶滅していった。それらは、進化の実験の行き止まりであった。

家畜化による遺伝子の変化は、非常に急速に起こった。ウサギは、中世の初期まで家畜化されなかった。それを飼って子供を産ませたのは、フランスの僧侶たちだった。「生まれたばかりのウサギの赤ちゃんは魚だから、教会のこよみで肉食を禁じられた日にも食べてよい」と僧侶たちは信じてウサギを飼った。

コーヒーが初めて栽培されたのは一五世紀のことである。砂糖大根の栽培は一九世紀からだ。ミンクは、まだ家畜化の初期の段階にある。

羊の場合、家畜化されてから一万年も経っていないが、かつては粗い羊毛が一頭から一キロ以下しかとれなかったのに、いまでは、均質なやわらかい羊毛が一〇キロから二〇キロもとれる。

乳牛が出す乳の量も、かつては一回の分泌期に数百ミリリットルにすぎなかったのに、いまは一〇〇〇万ミリリットルになっている。

人為選択によって、これほど大きな変化が短期間になしとげられたとすれば、何十億年にわたって続けられてきた自然選択は、どんなことをなし得るだろうか。その答えが、現在の、変化に富む美しい自然界である。進化は、理論ではなく事実なのだ。

進化のしくみは自然選択である、というのは、チャールズ・ダーウィンとアルフレッド・ラッセル・ウォレスとがなしとげた偉大な発見である。一世紀以上も前、彼らは「自然は多産である」と強調した。動物や植物は、生き延びられる数よりも、ずっと多くの子供を作る。その多くの子供のなかに、偶然、生き延びる能力の大きな子供がいれば、環境がそれを選択する。

遺伝子のうえに突然起こった変化を突然変異というが、そのような変異は子孫に受け継がれ、進化の素材となる。環境は、生存により適したいくつかの突然変異種を選択する。その結果、その生物の形がゆっくりと別のものに変わっていく。それが新しい種の起源である。[*2]

ダーウィンは『種の起原』のなかでつぎのように述べている。

人間が実際に変種を作り出すのではない。人間は、意図しないで生物を新しい環境に置く。その結果、自然が生命体に働きかけ、変種ができる。しかし、人間は、自然が与えてくれた変種のなかから選ぶことができる。そして、自分の好きなように、変種を集める。このようにして、人間は、自分自身の利益と興味のために、動物や植物を変える。人間は、このようなことを組織的に行うこともあるし、そのとき自分にもっとも役立つ動物や植物を保護することによって、知らず知らずのうちに、それをやっていることもある。子孫を変えるなどという考えを持たずに、それをやることがあるのだ。……家畜化したとき、これほどよく働く原則が、なぜ自然のなかでは働かないのか。それを説明するはっきりした理由はない。……生き残れる数よりも多くの子供が生まれる。……どの年にも、どの季節にも、競争相手よりもわずかに有利な子供がいるだろう。まわりの物理的な条件に対して、わずかだけでもよく適応できる子供もいるだろう。そのような子供たちが自然の均衡を変えることになる。

一九世紀に、もっとも効果的に進化論を弁護して普及させたのは、T・H・ハクスリーである。彼は、こう書いている。（ダーウィンとウォレスの本は）暗夜に道に迷った人に、突然、まっすぐに家に帰れるかどうか道を示してくれる明かりである。……『種の起原』の中心的な考えを理解したとき私は思った。「この考えを持たずに過ごすことは、なんとばかげたことか」と。コロンブスの仲間たちも、かつて同じことを言っただろうと私は思う。……変化しうるということ、生存競争があるということ、環境への適応、などということは、まことに評判の悪いものである。しかし、ダーウィンとウォレスとが暗闇を取り除いてくれるまでは種の問題の中心的課題に通じる道が、それらと関係していることを、私たちは、だれひとりとして知らなかった。

進化と自然選択という二つの考えを聞いたとき、多くの人が怒った。いまでも、まだ怒っている人がいる。私たちの祖先は、地球上の生物の優雅さを知っていた。生物の構造は、その働きにぴったり合っている。それを見て、私たちの祖先は、創造主のいることの証明だと考えた。もっとも単純な単細胞生物でさえ、もっとも精巧な懐中時計よりもっと複雑な機械である。しかも、懐中時計は、自分で自分を組み立てることもできないし、昔の大きな時計から自分自身でゆっくりと進化してきたわけでもない。時計には時計職人が必要なのである。

生物の場合も同じことだ。原子と分子とが自然に結合して、あの複雑な、微妙に動く生物となり、地球のあらゆるところを飾るとは、昔の人には、とても思えなかった。どの生物もすべて特別に設計されたものであり、どの種も別の種に変わることはないと彼らは考えた。それは、私たちの祖先が、限られた歴史上の記録から得た生物観とぴったり一致していた。生物はすべて、偉大な創造主が心をこめて創ったものだという考えは、自然に意味と秩序を与えるものであり、人間に重要性を与えるものであった。私たちは、いまでも、そのような重要性を持ちたいと望んでいる。

創造主の存在を考えることは、自然なことである。それは、人の心に訴えることであり、生物界を人間的に説明することであった。

しかし、ダーウィンとウォレスが示したように、もう一つのやり方もあった。それは、同じように人の心に訴え、同じように人間的で、しかも、はるかに説得力がある。それは、自然選択の証拠である。それは、生命の音楽を、時の過ぎゆくなかでもっと美しくするものである。

化石の存在は、偉大な創造主の説とも矛盾しない。あの種の生物については創造主が不満に思い、こわしてしまったのだろう。そして、改良された設計で新しい実験が試みられたのだろう、というわけだ。しかし、このような考えは、少し筋の通らぬところがある。動物や植物は精巧に創られているというのだが、それほど有能な創造主なら、なぜはじめから、もっともよい種を創り出すことができなかったのだろうか。化石の記録は、かつて試行錯誤があったこと、創造主が、将来を予測する能力を持たなかったこと、などを示している。創造主はもともと気まぐれだというのならともかく、試行錯誤や予見性のなさは、すぐれた創造主にはふさわしくないことである。

小さなガの爆撃

一九五〇年代のはじめ、大学生であった私は、幸運にも、H・J・マラー博士の研究室で学ぶことができた。マラー博士は偉大な遺伝学者で、放射線によって突然変異が起こることを発見した。ヘイケガニが人為選択の実例であることをはじめて私に教えてくれたのは博士であった。

遺伝学の実際を学ぶために、私は何カ月ものあいだショウジョウバエを扱った。このハエの学名は「ドロソフィラ・メラノガスター」であるが、これは「黒いからだの、露を愛するもの」という意味である。これは、二つの羽と大きな目を持った、害のない虫である。私たちは、それを、大ぶりの牛乳びんに入れて飼った。

私たちは、二つの変種のショウジョウバエをかけ合わせて、両親の遺伝子の再配列からどのような形態が生まれるかを見た。また、自然の突然変異や人為的な突然変異から、どのような新しい形態ができるかも見た。

メスのショウジョウバエは、実験助手がびんのなかに入れた糖蜜《とうみつ》のうえに卵を産んだ。びんには、ふたがしてあった。卵が幼虫になり、幼虫がサナギになり、サナギが孵化《ふか》して新しい成虫になるまで、私たちは二週間待った。

ある日、私は、倍率の低い双眼顕微鏡で、新しく届いた一群のショウジョウバエの成虫を見ていた。わずかなエーテルを使って動かぬようにしたショウジョウバエを、私は、ラクダの毛のハケで、せわしく分類していた。

すると、驚いたことに、非常に変わったショウジョウバエが見つかった。白い目が赤くなったとか、首に毛がなかったのがあったとかいう、小さな変化ではなかった。それはまったく別で、非常に元気で、はるかに目立つ大きな羽があり、毛のはえた触覚があった。マラー博士は「一世代で大きな進化が起こることはない」といっていたのだが、皮肉なことに、そのような大きな進化の見本が、マラー博士自身の研究室で見つかったのだ。私は、そのことを博士に説明するのがいやだった。

重い気持ちで、私は博士の部屋のドアをたたいた。

「どうぞ」と、低い声の返事があった。私は、部屋のなかにはいった。そこは暗くしてあり、一つの小さな灯りが、博士ののぞいている顕微鏡の載物台を照らしていた。この陰気な環境のなかで、私は、つっかえながら、新しい変種のことを説明した。私は、非常に変わったショウジョウバエを見つけたのだ。それは、確かに糖蜜のなかのサナギの一つがかえったものだった。

私は、マラー博士の仕事の邪魔をしたくはなかったのだが……。

「それは、双翅類《そうし》というより鱗翅類《りんし》に似ていないかね」と、博士はたずねた。彼の顔は下からランプで照らされていた。私は、博士の質問の意味がわからなかった。そこで、博士が説明してくれた。

「それは、大きな羽を持っていないかね。毛のはえた触覚を持っていないかね」

私は、さえない顔でうなずいた。

マラー博士は、天井の明かりをつけて、やさしくほほえんだ。それは、以前からときどきある話だった。ショウジョウバエの遺伝研究室に適応し、棲みついたガがいるのだった。それは、ショウジョウバエには似ておらず、ショウジョウバエと関係を持とうともしなかった。ガが欲しかったのは、ショウジョウバエのエサである糖蜜であった。研究室の実験助手が、たとえば、ショウジョウバエを入れようと、牛乳びんのふたを開けた短い時間に、ガの母親が、牛乳びんのなかに急降下爆撃でもするかのように飛びこみ、おいしい糖蜜のうえに卵を落とすのだった。

私は、大きな突然変異を発見したわけではなかった。私は、ただ、かわいらしい「適応」の例を見ただけだった。それ自身は、小さな突然変異と自然選択の産物だった。

進化の秘密は、死と時間とである。環境に十分適応できなかった生物は、大量に死んでいった。そして、小さな突然変異がつぎつぎに起こってゆく時間が必要だった。突然変異を起こしたものが、偶然、環境によく適応した。そのような都合のよい突然変異がゆっくりと積み重ねられてゆくための時間が必要だったのだ。ダーウィンとウォレスの説に対しては、抵抗があったが、そのような抵抗は、人間が何千年という時の経過を、まして何億年という年月を想像できないために生じたものだった。わずか七〇年ほどしか生きない生物にとって、その一〇〇万倍の七〇〇〇万年という歳月は、いったい、どんな意味を持っているのだろうか。チョウは一日だけ飛び回り、その一日を永遠と思って死んでゆくが、私たちも、それと同じことなのだ。

生命は海で誕生

この地球上で起こったことは、多かれ少なかれ、ほかの数多くの世界で起こった生物進化の典型的なものかもしれない。しかし、たんぱく質の化学、脳の神経学などのこまかな点では、地球の生命の物語は、この銀河系全体のなかでもユニークなものといえるのかもしれない。

地球は、四六億年ほど前、宇宙空間の星間ガスとチリとが凝縮してできたものである。そして、その後まもなく、たぶん四〇億年ほど前に、原始地球の池や大洋のなかで生命が芽生えた。そのことは、化石が示している。最初の生物は、単細胞生物ほど複雑でも精巧でもなかったが、すでにかなり高度な形の生命だった。最初の生命の芽生えは、もっとつまらぬものだった。

そのような初期のころには、原始大気中には、水素原子を多く持った単純な分子が含まれていたが、これらの分子に稲妻が作用したり、太陽の紫外線が当たったりすると、分子は分解した。その分解した破片は、自発的に再び化合して、もっと、もっと複雑な分子になった。このような初期の化学反応でできたものは、大洋の水に溶け、大洋の水は有機物のスープとなった。そのスープは、しだいに複雑なものとなってゆき、ある日、自分自身と同じものを作りだせる分子が、まったく偶然にできあがった。それは、スープのなかのほかの分子の材料として、自分自身の粗い複製を作ることができた（この話はまた後で述べることにする）。

これが、デオキシリボ核酸（ＤＮＡ）のもっとも古い祖先であった。このＤＮＡこそは、地球の生物のかなめとなる分子であった。それは、はしごのような形をしていて、らせん階段のようにねじれている。はしごの横棒は、四つの異なる分子でできており、その四つの分子が、遺伝情報の四つの符号となっている。このはしごの横棒は、ヌクレオチドと呼ばれており、生物が自分自身の複製を作るとき、遺伝的な指示を与える役目をする。

地球上のすべての生物は、それぞれ違った指示書を持っているが、その指示書は、すべて同じ言葉で書かれている。生物が、それぞれ違っているのは、核酸の指示書がひとつひとつ違うからである。

突然変異は、ヌクレオチドに変化があったときに生じ、つぎの世代にも伝わり、遺伝してゆく。突然変異は、ヌクレオチドの気まぐれな変化によって起こるもので、その大部分は、その生物にとって有害であり、命とりになることもある。それは、機能しない酵素を生み出すような、指示書の変化である。

ある生物に、よりよくなるような突然変異が起こるまでには、長い年月が必要である。そして、進化を引き起こすのは、そのような、めったに起こらない出来事である。直径が一〇〇〇万分の一センチというような、微小なヌクレオチドのうえに、有益な小さな変化が生じたときだけ、進化が起こる。

四〇億年ほど前の地球は、分子たちの「エデンの園」だった。そこには、まだ、分子を食べてしまうものはいなかった。ある分子は、もたもたしながら材料を集め自分自身と同じものを生み出し、粗末な複製を残した。複製し、変化し、もっとも能率の悪いものが消滅し、という過程のなかで、すでに、分子レベルでの進化が始まっていた。

時がたつにつれて、分子たちは、複製を作るのがうまくなった。特別な働きをもつ分子が、いっしょに集まって、一種の分子の集合体を作ることもあった。それが最初の細胞であった。

今日、植物の細胞は、小さな分子の工場を持っている。それは葉緑体と呼ばれており、光合成を担当している。それは、太陽の光と水と二酸化炭素（炭酸ガス）とから、炭水化物と酸素とを作る。

一滴の血液のなかにある細胞には、また、違った種類の分子工場がある。それは、ミトコンドリアで、食べものと酸素とをくっつけて、役に立つエネルギーを取り出す役目をはたしている。

このような工場は、今日、動物や植物の細胞のなかにあるが、かつては、単独で生きる細胞だったのかもしれない。

三〇億年ほど前までに、単細胞の植物が数多く結合した。それは、一つの細胞が分裂して二つになったとき、その二つが離れないような突然変異が起こったためにできたのだろう。このようにして、最初の多細胞生物ができあがった。

あなたのからだも、細胞たちの集団でできており、一種の共同体である。かつては、ばらばらに分かれて暮らしていたのが、共通の利益のために結合して一体となったのだ。

あなたのからだは、一〇〇兆個ほどの細胞でできている。私たちは、みんな、一つの細胞集団である。

性が発明されたのは、いまから二〇億年ほど前のことと思われる。それより前には、生物の新しい変種は、でたらめな突然変異が積み重なってできるだけだった。遺伝子の指示書のなかの文字の変化が選ばれて、変種ができる。したがって、進化は、いやになるほどゆっくりしていた。

しかし、性が発明されたため、二つの生物が、DNAの符号の本を、節ごと、ページごと、あるいは一冊まるごと交換することができるようになった。その結果、新しい変種が作り出され、選択のふるいにかけられた。性を行うものが選ばれ、性に関心を持たないものは絶滅した。絶滅しなかったのは、二〇億年前にもいた微生物だけはない。私たち人間も、今日、明らかに、DNAの交換に貢献しつつある。

人間までの長い道

一〇億年ほど前になると、植物たちは、たがいに力を合わせて働き、地球の環境を、驚くほど変えてしまった。緑の植物は酸素の分子を作り出すのだ。そのころには、大洋は緑の単純な植物で満たされていたので、酸素は、地球の大気の主な成分となっていき、水素の多い元の大気は、あと戻りのできない変化をとげていった。そして、生物と関係のない反応によって生命の材料が作られる、という地球の歴史の一つの時代は終わった。

しかし酸素は、有機物の分子をバラバラに分解してしまう性質を持っている。私たちは酸素が好きだが、もともと酸素は、はだかの有機物にとっては毒なのだ。酸素を持つ大気への移行は、生命の歴史のうえでは、きわめて大きな危機であった。酸素をうまく取り扱えないたくさんの生物は絶滅した。ボツリヌス菌や破傷風菌のような、二、三の原始的な生物だけが、酸素のないところで今日まで生き延びてきた。

地球の大気に含まれる窒素は、酸素よりもずっと化学的に不活性であり、したがって、酸素よりもずっと害が少ない。だがこの窒素ガスも、生物が作り出し維持してきたものである。つまり、地球の大気の九九パーセントは、生物が作ったものなのだ。大空は、生物によって作られた。

生命が誕生してから今日までの四〇億年のあいだ、もっとも長期にわたって地球を支配した生物は、微少な緑の藻《も》であった。それは、大洋を満たし、大洋を覆っていた。

しかし、六億年ほど前に、藻の独占体制は破られ、すごい数の新しい形の生物が誕生し、繁殖した。この事件は「カンブリア爆発」と呼ばれている。

生命は、地球ができた直後に誕生した。このことは「地球のような惑星にとって、生命の誕生は、化学反応の避け得ない結果であるかもしれない」ということを示している。しかし、その後ほぼ三〇億年ものあいだ、生命は、青緑色の藻よりも先へは進化しなかった。このことは、分化した器官を持った大きな生物への進化は、なかなかできないということ、それは生命の誕生よりもむずかしいということを示している。

微生物はたくさんいるが、大きな獣はおらず、大きな植物も生えていない、という惑星が、現在、宇宙には数多くあると思われる。

カンブリア爆発の後、大洋は、すぐに、いろいろな形の生物で満たされた。五億年ほど前には、三葉虫の大群が現れた。それは、大きな昆虫にちょっと似た、形の美しい動物で、群れをなして海底をはい回っていた。それらは、目に結晶を蓄えていて偏光を感じることができた。三葉虫は、いまはもう生き残っていない。それは、二億年ほど前に絶滅してしまった。

今日ではすでに絶滅した動物や植物が、かつては地球に栄えていたし、もちろん昔はいなかった動物や植物がいま地球上に存在している。

古い岩石のなかには、私たちのような動物がいたという証拠はない。種は現れては、しばらくのあいだ地球に棲み、やがて消えてゆく。

カンブリア爆発が起こる前は、このような種の交代は、比較的ゆっくりしていたように思われる。そう見えるのは、一つには、遠い昔のことになればなるほど、証拠となるものが少なくなってゆくからかもしれない。この惑星の歴史の初期のころには、硬い部分を持つ生物はほとんどいなかった。軟らかい生物は、めったに化石を残さないものである。

しかし、カンブリア紀以前に劇的な新しい生物がなかなか出現しなかったのは、ある程度、真実である。しかし、化石に残るほどに外形が変化しなくても、細胞のなかでは、細胞の構造や生化学に関する、骨の折れる進化が進んでいた。

カンブリア爆発のあとには、息をのむほどの速さで、新しい精巧な生物がつぎからつぎへと登場した。種の速い交代によって、最初の魚と最初の脊椎《せきつい》動物が現れた。かつては海のなかにしか存在しなかった植物が、陸地に進出し始めた。最初の虫も現れ、その子孫が、動物による陸地への移住の先駆者となった。

羽のある虫も現れ、同じころ両生類も登場した。肺魚のような生物が出現し、陸地でも水中でも生きられるようになった。

それから、最初の木ができ、最初の爬虫《はちゅう》類も登場した。恐竜が現れ、哺乳《ほにゅう》類も誕生した。そして、最初の鳥も出現した。最初の花が現れ、恐竜は絶滅した。それから、イルカやクジラの祖先にあたる動物が登場した。そして、同じ時期に、サルや類人猿や人間の祖先にあたる霊長類が現れた。いまから一〇〇〇万年前よりは少し新しい時期に、人間によく似た最初の動物が登場した。その動物は、脳が、驚くほど大きかった。そして、わずか数百万年前に、ほんとうの人間が、はじめて現れた。

人間は森の中で成長した。そのため、私たちは、いまでも森に対して親近感を持っている。木は空に向かってまっすぐ伸び、なんと美しいことだろう。その葉は太陽の光を集めて光合成を行う。だから木々は、まわりの木よりも上へ出ようと、いつも競い合っている。気をつけて見ると、二本の木が、押し合いへし合いし、悠揚迫らぬ優雅さをもってそびえているのを、しばしば見ることができる。木は大きくて美しい機械である。それは、太陽の光をエネルギー源とし、大地から水を、大気から二酸化炭素を取り入れ、それらを炭水化物に変える。その炭水化物は、木のためにも役立つし、私たちのためにも役立っている。木は、自分が作った炭水化物を、自分たちの活動のためのエネルギー源として利用する。

そして、私たち動物は、つまるところ植物に寄生しており、植物の炭水化物を盗んで、自分たちの活動のために役立てている。私たちは、植物を食べて、その炭水化物を酸素と化合させ、血液のなかに溶かし込む。私たちは好んで空気のなかで呼吸するので、炭水化物は酸素と化合する。私たちは、それによって活動のためのエネルギーを得ている。

この過程で、私たちは二酸化炭素を吐き出す。それを植物が再利用して、さらに炭水化物を作る。これは、なんとすばらしい共同作業だろうか。植物と動物は、たがいに相手が吐き出したものを吸っている。動物の口と植物の気孔の間で、気体はたがいによみがえる。それは、地球全体で起こっている。そして、このすばらしい循環は、一億五〇〇〇万キロ離れた太陽のエネルギーによって維持されている。

生命を支配するDNA

この世のなかには、何百億種類もの有機化合物がある。しかし、生命の基本的な活動に利用されているのは、そのうちの五〇種類ほどにすぎない。いろいろな活動のために同じ形の反応が、巧妙に、慎重に、くり返し、くり返し、何度も使われる。

地球上の生命の真の中核は、細胞の化学反応を制御しているたんぱく質と、遺伝的な指示を伝える核酸とである。そして、この二つの分子は、すべての動物や植物で本質的に同じであることを、私たちは知っている。カシの木も私も、同じ物質でできている。

もし、あなたが、自分の家系を、ずっと昔までさかのぼってゆけば、あなたの祖先とカシの木の祖先とは同じであることがわかるだろう。

生きた細胞のなかは、一つの世界である。それは、銀河や星などの世界と同じように複雑で美しい。細胞の精巧なからくりは、四〇億年のあいだ、骨のおれる進化を続けてきた結果できあがったものである。食べもののかけらは、姿を変えて細胞のからくりのなかに取り込まれる。きょうの白血球は、きのう食べたホウレンソウなのだ。細胞は、どのようにして、このようなことをなしとげるのだろうか。

細胞のなかは、迷宮のように複雑で、繊細な構造になっている。細胞は、そこで自分の形を保ち、分子を変化させ、そこにエネルギーを貯えて、みずからの分裂のための準備を整える。

細胞のなかに入って、まわりを見渡すことができれば、分子の粒の多くがたんぱく質であることが、すぐにわかる。そのたんぱく質のなかには、熱狂したかのように働いているものもあれば、ただ単に出番を待っているだけのものもある。

たんぱく質のなかでもっとも重要なのは酵素である。それは、細胞のなかの化学反応を制御する役目をはたしている。酵素は、流れ作業の組み立て工場で働く工員のようなものである。それぞれの酵素が、分子に関する仕事について専門の分野を持っている。

たとえば、第四段階の工員は、ヌクレオチドのグアノシン燐酸《りんさん》を組み立て、第一一段階の工員は、糖の分子を解体してエネルギーを取り出す仕事をする。このエネルギーという通貨は、細胞内のほかの仕事をするために支払われる。

しかし、酵素は工場の監督ではない。彼らは、責任者の指示の通りに働くだけである。酵素自身、責任者の指示によって作られたものである。

責任者は、核酸という分子である。細胞のなかの奥まったところにある「禁じられた都市」のなかに住んでいる。責任者たちは、細胞の核のなかにいるのだ。

もし、私たちが細胞の核のなかに管を突き刺して、なかをのぞいてみたら、私たちは、爆発事故を起こしたスパゲティ工場のような光景を見ることだろう。そこには、ぜんまいのようなものや、こよりのようなものが、数多く、めちゃくちゃに詰まっている。それは、二種類の核酸である。一つはDNAで、これは、何をなすべきかを知っている。もう一つはRNAで、これは、DNAが発した指示を、細胞のほかの部分に伝える。

この二つは、四〇億年の進化によって生み出された最高の分子であり、それらは、細胞や木や人間をどのようにして働かせるかという情報をすべて貯えている。人間のDNAに含まれている情報を、ふつうの言葉で書くと、一〇〇冊の厚い本になるだろう。しかも、DNAは、ほんのわずかな例外を除いて、どうすれば、自分とそっくりの複製を作れるかも知っている。DNAは、きわめて多くのことを知っているのだ。

DNAは、二重らせんの形をしている。それは、からみ合った二つのらせん階段のようである。二本のひものそれぞれに、ヌクレオチドが順序よくつながっていて、それが「生命の言葉」となっている。複製を作るときには、この二重らせんは、よりを戻す特別なたんぱく質の助けによって分離し、それぞれのひもが、自分と同じ複製を作り上げる。そのさい、細胞の核のなかの粘っこい液体のなかに浮いているヌクレオチドが合成の材料として使われる。よりを戻す作業がいったん始まると、DNAポリメラーゼというすばらしい酵素が、複製の作業を助ける。その作業には、誤りはほとんどない。

もし、その作業に誤りがあれば、ある種の酵素が、その誤りの部分をつまんで捨て、間違ったヌクレオチドの代わりに正しいヌクレオチドを入れて修理する。このような酵素は、恐るべき威力を持った分子機械である。

DNAは、自分自身の正確な複製を作って遺伝を実行するだけでなく、伝令RNAと呼ばれるもう一つの核酸も合成し、それによって細胞の活動を指示し、新陳代謝をつかさどる。その伝令RNAは、核の外に出ていって、正しいときに正しい場所で酵素を作り出す。すべてが終わったときには、一分子の酵素ができあがっており、こんどは、それが細胞の化学反応の一つを命令する。

人間のDNAは、約一〇億個のヌクレオチドの横棒が並んだハシゴである。この多数のヌクレオチドのうちの大部分は意味のないものである。それは、役に立たないたんぱく質の合成をつかさどっている。核酸の分子のほんの一部だけが、私たちのような複雑なからだの役に立つ。しかしながら、核酸を有益につなぎ合わせる方法は、驚くほど多い。その数は、たぶん、宇宙のなかの電子や陽子の総数よりも、はるかに多いだろう。したがって、DNAの指示によって作られうる個々の違った人間の総数は、すでに地球上で暮らした人間の数よりも、はるかに多い。これまで現れてきたことのないような人間が、これから出てくる可能性は非常に大きい。どのような基準をとったにせよ、これまでに生存したどの人間よりも、はるかにすぐれた人間を作り出す核酸の結合法がきっとあるはずだ。新しい型の人間を作り出すためには、ヌクレオチドを新しい順序に並べなければならないが、さいわいなことに、私たちは、まだ、その方法を知らない。

将来、私たちは、ヌクレオチドを自分たちの望み通りに並べることができるようになるだろう。そうすれば、私たちが望ましいと思う特質を持った人間を作り出すことができるだろう。はっとするような不安な未来である。

人間は木と親類

進化は、選択と突然変異によって進んでゆく。その突然変異は、DNAの複製のさい、酵素のD

NAポリメラーゼがあやまちをおかしたときに起こる。しかし、DNAポリメラーゼは、めったにあやまちをおかさない。

突然変異は、また、放射線や太陽からの紫外線、あるいは宇宙線や環境のなかの化学物質などによっても起こる。これらは、すべてヌクレオチドを変えたり、核酸のひもをもつれさせてコブにしたりすることができる。もし、突然変異の起こる率が高すぎると、私たちは、四〇億年の苦労の多い進化の結果得た遺伝的特質を失ってしまうことになる。

もし、突然変異の起こる率が低すぎると、将来、環境に大きな変化が起こったとき、それに耐え得る新しい変種を作り出すことができないことになる。生物の進化は、突然変異と選択のあいだの、ある程度正確なつりあいを必要としている。そして、そのようなつりあいが達成されたとき、環境にぴったり合った、すばらしい新種が誕生する。

DNAのヌクレオチドの一つが変化すると、たんぱく質のなかでその暗号に対応している一つのアミノ酸が変化する。

ヨーロッパの人たちの赤血球は、ほぼ円形である。しかし、アフリカの人たちのいくらかは、鎌や三日月のような形の赤血球を持っている。この鎌形の赤血球は、円形の赤血球ほどには酸素を運べない。したがって、ある種の貧血となる。しかし、鎌形赤血球の人は、マラリアに対する抵抗力を持っている。マラリアで死ぬよりも、貧血で生きているほうがましなことは、いうまでもないだろう。

この赤血球の違いは、顕微鏡写真を見るだけですぐにわかる。前に述べたように、人間の細胞のDNAは、一〇億個ほどのヌクレオチドでできているが、赤血球が鎌形になるのは、そのヌクレオチドのうちの一個が変わったためである。

しかし、私たちは、そのほかの大部分のヌクレオチドが変化したとき、どのような結果になるかは、まだ知らない。

私たち人間は、木とはかなり違う。私たちは、確かに、木とは違った目で世界を見ている。しかし、生命の分子の心臓部にあたる深いところでは、木と私たちとは、本質的に同じである。木も私たちも、遺伝の情報を伝えるのに核酸を使っているし、細胞の化学反応を制御するための酵素としてたんぱく質を使っている。

もっとも重要なことは、木も私たちも、核酸の情報をたんぱく質の情報へと翻訳するとき、まったく同じ暗号表を使っている、ということである。事実、この地球上のすべての生物が、同じ暗号表を用いている。[*3]

このような分子の同一性は、ふつう、つぎのように説明されている。生命は、木も人も、アンコウも変形菌もゾウリムシも、私たちの惑星の歴史が始まったばかりのころのただ一つの共通の祖先から分かれた子孫なのだ。だから、分子的に同一なのだと。ではその重要な分子はどうやって生まれたのだろうか。

放電でできる有機物

コーネル大学の私の研究室では、生物が誕生する前の有機化合物についても研究している。それは、生命の音楽の音符をいくつか作る試みである。私たちは、原始地球の大気と同じ混合気体を作って、そのなかで電気火花を飛ばしている。その混合気体は、水素ガス、水蒸気、アンモニア、メタン、硫化水素を含んでいる。それは、現在の木星にある混合気体と偶然にも同じであり、宇宙のすべてのところにあるガスである。

電気火花は、稲妻の代わりである。稲妻は大昔の地球にもあったし、現在の木星にもある。反応を起こさせるガラスの容器は、はじめのうちは透明である。

はじめに入れた混合気体は、まったく見えない。しかし、電気火花を一〇分間ほど飛ばすと、ガラス容器の内壁を、奇妙な茶色の物質が、すじになってゆっくりと流れ落ちるようになる。ガラス容器の内壁は、しだいに茶色のタールで覆われて、不透明になってゆく。初期の太陽を模して紫外線をこの混合気体にあてた場合も、結果はほとんど同じである。タールは、複雑な有機化合物のきわめて豊かな混合物である。そのなかには、たんぱく質や核酸の成分が含まれている。生命の材料となる物質は、きわめて容易に作られることが、このような実験によってはっきりした。

このような実験は、一九五〇年代の初期にスタンリー・ミラーがはじめて行った。ミラーはそのころ、大学院生として、化学者のハロルド・ユーリーのもとで研究していた。

ユーリーは、地球の初期の大気は、宇宙の大部分と同じように、水素ガスを多く含んでいたと、強く主張していた。そして、その水素ガスは、地球から宇宙へ向けてしだいに逃げていった、とユーリーは述べていた。しかし、巨大な木星の場合は、引力が大きいので、水素ガスは失われなかった。

ユーリーは、水素ガスがなくなる前に生命は発生したとも主張していた。彼が、このような混合気体のなかで電気火花を飛ばす実験を提案したとき、そのような実験で何ができると思いますかと、彼にたずねた人がいた。ユーリーは「バイルシュタインだよ」と答えた。『バイルシュタイン』というのは、二八巻にもおよぶドイツの本で、化学者たちの知っている重要な有機化合物がすべて記されている。

ユーリーは、このような実験によって、生命の材料となるすべての物質を作り出そうと期待していたわけだ。そして、彼は、おおむね正しかった。

初期の地球上にきわめて豊富に存在した気体と化学結合を切り離す力を持つ何らかのエネルギーだけを使って、私たちは、生命の材料として必要な物質を作り出すことができる。しかし、私たちのガラス容器のなかにできたものは「生命の音楽」の音符にすぎない。それは、音楽そのものではない。

生命の材料となる分子は、正しい順序につなぎ合わさなければならない。生命というのは、確かに、たんぱく質を作っているアミノ酸以上のものであり、核酸を作っているヌクレオチド以上のものである。

しかし、そのような生命の材料を、長い鎖状の分子になるよう順序正しく並べることに関しても、すでに研究室のなかで大きな進歩が成しとげられている。原始地球と同じ条件のもとでアミノ酸が結合され、たんぱく質に似た分子が作られた。そのうちのいくつかは、弱々しくはあるけれども、酵素と同じように、有用な化学反応を制御する。ヌクレオチドをつないで、数十個単位の長さの核酸のひもを作ることもできた。そして、その短い核酸は、試験管内の条件を正しく調整すれば、自らまったく同じ複製を作ることができる。

これまで、だれも、原始地球の気体と水とを混ぜて実験したことはないし、試験管のなかから、なにかがはい出してくるのを見た者もいない。

これまでに知られている最小の生物はウイロイドだが、それは、一万個以下の原子でできている。それは、栽培植物に、いくつかの違った病気を引き起こすが、これは、単純な生物から進化してできてきたのではなく、かなり複雑な生物が、ごく最近、さらに進化してできたものだろう。

このウイロイドよりもさらに単純で、しかも、なんらかの意味で生きている、といったものを想像することは困難である。

ウイルスは、核酸がたんぱく質の着物を着たようなつくりになっているが、ウイロイドは核酸だけでできている。それはRNAの直線的な一本のひもであるか、輪になったRNAかである。そんなに小さなウイロイドが栄えているのは、それが、いつも完全な寄生生物だからである。ウイルスと同じように、ウイロイドは、もっと大きな健全な細胞の分子機械を乗っ取ってしまう。その細胞は、自分と同じ細胞を作る工場なのだが、ウイロイドは、それを、もっと多くのウイロイドを作る工場に変えてしまう。

寄生せず独立して生活している最小の生物はPPLO（牛肺疫菌様微生物）と、それに似た微生物だろう。それらは約五〇〇〇万個の原子でできている。このような、いくらか自立的な生物は、ウイロイドやウイルスよりも、もっと複雑である。

しかし、現在の地球上の環境は、単純な生物にとって、それほど都合のよいものではない。単純な生物は、暮らしを維持してゆくため、一生懸命に働かなければならないし、自分たちを食べてしまうほかの生物にも気をつけなければならない。

だが、私たちの惑星の歴史が始まったばかりのころには、水素の多い大気に太陽の光があたって、大量の有機化合物が作られていた。したがって、寄生しないきわめて単純な生物でも、戦いに勝ち残れる機会があった。

最初の生物は、独立して生活するウイロイドのようなものだったかもしれない。それは、数百個のヌクレオチドがつながっただけの小さなものだったろう。

このような生物を、ひとつまみの物質から作り出す実験は、二〇世紀の末には始められるかもしれない。だが、遺伝子の暗号の起源をふくむ生命の起源については、まだまだ、研究しなければならないことがたくさんある。

私たちが、このような実験を始めてから、まだ三〇年ほどしかたっていない。自然のほうは、それより四〇億年も前に、同じ実験を始めていたのである。この年月の差を考えれば、私たちがこれまでにやった実験の成果は、決して捨てたものではない。

このような実験がなされるのは、地球のものだけではない。原始的な気体やエネルギー源は、宇宙空間のどこにでもある。私たちの研究室のガラス容器のなかで起こったのと同じ化学反応によって、宇宙空間には有機物があり、隕石《いんせき》にはアミノ酸が含まれているのだろう。

私たちの銀河系のなかにある一〇億ほどのほかの世界でも、同じような化学反応が起こっているに違いない。生命のもとになる分子は、宇宙空間に満ち満ちている。

木星に住む生物

ほかの惑星の生物も、地球上の生物と同じような分子を持ち、同じような化学反応をしているかもしれない。しかし、その惑星の生物が、地球上の見なれた生物に似ていると期待する理由はない。地球の場合は、すべての生物が、同じ惑星を分かち合い、同じ分子の原理に従っている。それなのに、それぞれ、非常に違っているではないか。

ほかの惑星の動物や植物は、たぶん、この地球上のどんな動物や植物ともまったく違うだろう。もちろん、同じような結果にいたる進化は、いくつかあるかもしれない。なぜなら、ある種の環境上の問題には、最善の解決策というのは、一つしかないからである。たとえば、可視光線で両眼視できるよう二つの目を持つ、といった具合である。

しかし、進化は本来でたらめな性質のものである。したがって、地球以外の惑星の生物たちは、私たちが知っている生物とは、ひどく違った形に進化しているかもしれない。

地球以外の惑星に住む生物がどんな姿をしているかは、私も知らない。私は、ただ一種類の生物、つまり地球の生物しか知らない。私の知識は、ひどく限られたものである。

空想科学小説の作家や芸術家のような人たちは、ほかの世界の生物がどんな姿をしているかを想像している。しかし、そのような人たちが考えた地球外の生物を、私はほとんど信じることができない。彼らは、私たちがすでに知っている生物の形にとらわれすぎているように思われる。どの生物も、それぞれ、とてもあり得ないようないくつもの段階を経て、長い期間ののちに、いまの形になったのだ。ほかの世界の生物が、爬虫類や、虫や人間に非常に似ているとは、私には思えない。緑色の肌であるとか、耳がとがり、触角を持っているとかいった外見上の違いだけですんでいるはずはない、と私は思う。

もし、私が「何か想像しろ」と強いられたとすれば、私は、いくらか違ったものを考えようと努めるだろう。

木星のような、気体でできた巨大な惑星には、着陸できるような固体の表面はない。それは、水素、ヘリウム、メタン、水蒸気、アンモニアに富んだ濃い大気を持っている。大気中には雲があり、そのなかを有機分子が降っていることだろう。それは、私たちが研究室での実験で作った有機物のようなもので、天からの恵みの食べもののように降っていることだろう。

しかし、このような惑星上では、生命の誕生を阻む独特な障害物がある。それは、大気のなかの乱流であり、しかも大気の下のほうは、非常に熱い、ということである。生物は、下のほうへ運ばれてフライにならないように気をつけなければならない。

このような、まったく違った惑星にも、生物のいる可能性がある、ということを示すために、私は、コーネル大学の私の同僚E・E・サルピーターとともに、二、三の計算を行った。もちろん、このような場所の生物がどのようなものかを正確に知ることはできない。しかし、私たちは、物理学と化学の法則の範囲内で、そのような場所にも生物が存在しうるかどうかを見てみたいと思った。

こんな状況のもとで暮らして行く一つの方法は、フライになってしまう前に、子供をたくさん作ることである。そうすれば、子供たちのいくらかは、上昇気流によって大気上層のいくらか冷たいところへと運ばれてゆくことだろう。

このような生物は、非常に小さいことだろう。私たちは、このような生きものを「降下性生物」と呼ぶ。

だが、それとは別に「浮遊性生物」もいるだろう。それは大きな気球のような構造をした生物だ。大きな風船のなかから、ヘリウムなどの重い気体をポンプで排出し、水素だけを残して水素気球となる生物や、食べたもののエネルギーによって風船のなかを温めて熱気球とする生物がいるかもしれない。地球上の見なれた気球と同じように、このような浮遊性生物も大気の下のほうへ運ばれれば、浮力が強まり、大気上層の冷たい安全なところへと戻ってゆく。

浮遊性生物は、まえからある有機化合物を食べているかもしれないし、地球上の植物のように、太陽の光と空気とから自分自身の有機化合物を作っているかもしれない。

浮遊性生物は、ある程度までは、大きければ大きいほど効率がよい。サルピーターと私とは、直径が何キロもあるような浮遊性生物を想像した。それは、地球上にいたことのある最大のクジラよりもはるかに大きい。一つの都市と同じくらいの大きさの生物なのである。

浮遊性生物は、ラムジェット（訳注＝ジェット・エンジンの一種）やロケットのように、気体を噴出することによって、惑星の大気のなかを移動することができるだろう。私たちは、このような浮遊性生物が、見渡すかぎりゆったりした大きな群れをなしているさまを想像した。彼らの皮膚には模様があり、数多く集まれば、目で見た限り、カムフラージュになる。それは、彼らにも問題があることを示している。このような環境にも天敵がいて、狩りをするのだ。この狩猟性生物は速く飛び、動きもすばやい。彼らが浮遊性生物を食べるのは、有機分子をとるため、純粋な水素ガスをとって貯えておくためである。

最初の浮遊性生物は、降下性生物が進化してできたのだろう。そして、自ら移動することのできる浮遊性生物が進化して、最初の狩猟性生物となったのだろう。

ただし、狩猟性生物の数は、それほど多くはない。あまり数が多いと、彼らは浮遊性生物をすべて食べ尽くしてしまい、彼ら自身も絶滅してしまうだろう。

物理学と化学をもとにして考えれば、このような生物を想像することができる。芸術家はこのような想像に、ある程度の魅力を加えることができるだろう。しかし、自然は、私たちの想像どおりになるように義務づけられてはいない。だがもし、私たちの銀河系のなかに、生物の住む世界が何十億もあるとするならば、それらのなかには、私たちが物理学と化学の法則にそって想像したような降下性生物、浮遊性生物、狩猟性生物などの住む世界もいくつかあるだろう。

宇宙の生物を探す

生物学は、物理学よりも歴史学によく似ている。現在のことを理解するためには、昔のことをよく知らなければならない。昔のことを、精密な細部にいたるまで、よく知らなければならない。生物学には、未来を予見するような理論はまだない。それは、歴史学が、未来を予知する理論を持たないのと同じことである。理由は、同じである。どちらも、研究対象が私たちにとって複雑すぎるからだ。

しかし、私たちは、ほかの世界の生物を理解することによって、私たち自身のことをよりよく知ることができるだろう。地球外の生物なら、どんなに下等なものであっても、ただ一つ研究するだけで、生物学は限られた範囲のものではなくなる。生物学者たちは、どんな種類の別の生命が可能であるかを、初めて知ることができる。

よその世界の生物を探すことが大切であるとはいっても、それを見つけ出すことは容易だと保証していわけではない。ただ、そのような生物を探すのは、きわめて価値の高いことだ、といっているだけである。

私たちは、これまで、ただ一つの、小さな世界の生物の声を聞いてきただけである。しかし、私たちは、ついに「宇宙の音楽」のほかのメロディーを聞こうとし始めた。

＊1＝伝統的な西洋の宗教上の説は、これとは、まったく逆であった。たとえば、ジョン・ウェズリーは、一七七〇年にこう述べている。「死神は、もっともつまらぬ動植物をも絶滅させることを許されてはいない」。

＊2＝マヤ・キチェ族の聖典である『ポポル・ブフ』によると、いろいろな生物は、神が人間を創ろうとして行った実験が失敗してできたものだという。初期の実験は成績が悪く、下等な動物ができた。最後から二つ目の実験は、もう少しで成功するところだったが、ちょっと失敗してサルができた。中国の神話では、盤古《ばんこ》という神様のからだについていたシラミが人間になったとされている。一八世紀には、ビュフォンが「地球は、聖書に書かれているよりも、はるかに古い」と主張した。彼は「生物の形は何千年ものあいだに、ゆっくりと変化して来た。サルは、人間のみじめな子孫だ」とも述べた。このような考えは、ダーウィンとウォレスが唱えた進化の理論を正しく述べたものではないが、進化論の

前ぶれとなっている。それは、デモクリトス、エンペドクレスなどのイオニアの科学者たちの見解が、後世の科学理論の前ぶれとなったのと同じことである。そのことは、第7章で述べる。

＊3＝遺伝の暗号は、地球上のすべての生物のあらゆる部分について、必ずしも同じではないことがわかっている。少なくとも、いくつかのケースでは、ＤＮＡの情報をミトコンドリアのなかでたんぱく質の情報に移し替えるときには、同じその細胞の核のなかの遺伝子が使っているのとは違う暗号解読書が使われている。これは、ミトコンドリアと核の遺伝子の暗号が、進化的に別なものであることを示している。また、このことは、ミトコンドリアが、かつては単独で生活していた生物であり、何十億年か前に、共生のような形で細胞のなかに入り込んだ、という説とも一致する。このような精巧な共生関係が発展したということは、細胞ができたときから、多細胞の生物がふえたカンブリア爆発のときまでの進化が、どのようなものであったか、という問題に対する一つの答えとなっている。

3 宇宙の調和

あなたは、天の法則を知っていますか。あなたは、その法則を地上に確立することができますか

——『旧約聖書』ヨブ記

私たちは「どのような有益な目的のために鳥は歌うのか」などとはたずねない。なぜなら、鳥は歌をうたうようにつくられており、歌は鳥の楽しみだからである。同じように「人間の心は、なぜ天空の秘密をわざわざ知ろうとするのか」とたずねるべきではない。……自然現象はきわめて多様であり、天に隠された宝物は実に豊かである。それは、まさに、人間の心が新しい栄養物にこと欠かないようにするための天の配慮である

——ヨハネス・ケプラー『宇宙の神秘』

夜空に描く夢

私たちが、もし、何も変化しない惑星に住んでいたら、しなければならないことは、ほとんどなにもなかっただろう。考えなければならないことも、なかっただろう。そこには、科学の刺激となるようなものはなかっただろう。

私たちが、もし、予測できない世界、つまり、ものごとがでたらめに、きわめて複雑に変わる世界に住んでいたら、私たちは、ものごとについて考えることができなかっただろう。この場合にも、科学のようなものは存在しないだろう。

だが、私たちは、その中間にあたる世界に住んでいる。ここでは、ものは変化するけれども、それは、一定の図式や法則に従っている。私たちは、それを「自然の法則」と呼んでいる。

もし、私が棒を空中に投げ上げれば、それは必ず落ちてくる。太陽は西に沈んで、つぎの朝は、必ず東からのぼってくる。したがって、私たちは、ものごとについて考えることができる。私たちは、科学の研究をすることができるし、科学によって、私たちの暮らしを改善することができる。

人間は、世界を理解することにたけている。私たちは、これまでずっとそうだった。私たちは、獲物をしとめたり、火を燃やしたりすることができたが、それは、私たちがよく考えたからできるようになったことであった。

かつては、テレビも、映画も、ラジオも、本もなかった。人間が生きてきた歳月の大部分は、そういうもののない時代であった。月のない夜には、たき火の燃え残りのかなたに、私たちは星を見た。

夜空は、興味深いものである。そこには図形がある。それほど苦労しなくても何らかの形を思い浮かべることができる。たとえば、北の空には、小さなクマに見える図形、つまり星座があるのだ。いくつかの文化圏に属している人たちは、それを「おおぐま座」と呼んでいる。ほかの文化圏の人たちは、それをまったく別の図形と見なしている。

このような図形は、夜空に実際にあるわけではない。私たち自身が、そこに図形をあてはめたのである。私たちは狩猟民族だったので、狩り人や、イヌ、クマ、若い女性など、自分たちにとって興味のあるものを夜空に見た。

ヨーロッパの船乗りたちは、一七世紀になって初めて南の空を見たが、そのとき彼らは、一七世紀の人たちが興味を持ったものを天に描いた。たとえば、巨嘴鳥《きょしちょう》や孔雀、望遠鏡、顕微鏡、羅針盤、船尾《とも》などである。

もし二〇世紀になってから星座に名がつけられたとしたら、私たちは、自転車や冷蔵庫を夜空に見ただろう、と私は思う。そのほか、ロックンロール星とか、たぶんキノコ雲とか、人間にとって希望と恐怖の対象となるようなものが、星たちの間に描かれたことだろう。

私たちの祖先たちは、時々、長い尾を持ち、ほんの一瞬だけ光って夜空を横切る星も見たことだろう。彼らは、それを「流れ星」と呼んだ。しかし、これはよい名前ではない。星が流れ去ったあとにも、古い星は、ちゃんと残っているからだ。

ある季節には、数多くの流れ星が見られ、ほかの季節には、ほんのわずかの流れ星しか見られない。ここにも、一種の規則性がある。

太陽や月と同じように、星も東からのぼり、西に沈む。真上にある星は、空を横切るのに、ひと晩たっぷりかかる。夜空の星座は季節によって決まっている。たとえば、秋のはじめに東からのぼる星座は、毎年おなじである。

新しい星座が東から突然のぼってくる、ということは決してない。星には秩序があり、星のことは予言することができ、いつまでも変わらない。ある意味で、星は私たちを慰めてくれる。

ある星は、太陽がのぼる直前に地平線からのぼり、太陽が沈んだ直後に地平線に沈む。そして、その時刻と位置とは、季節によって変わる。もし、星を注意深く観察し、何年にもわたって記録をとっておけば、季節を予告することができるだろう。

また、太陽が、毎朝、地平線のどこからのぼるかを見て、一年のうちのどのような時期かを知ることもできる。空には、偉大なカレンダーがある。努力し、能力があり、記録のつけかたを知っている人なら、だれでも、その偉大なカレンダーを利用することができる。

天のこよみを読む

私たちの祖先は、季節の移り変わりを測る装置を作った。アメリカのニューメキシコ州のチャコ谷には、一一世紀に造られた、屋根のない巨大な礼拝堂がある。
一年のうちで昼のもっとも長い六月二一日には、朝、太陽の光が窓から入り、ゆっくり動いて、くぼみにしつらえられた祭壇にあたる。このようなことが起こるのは、六月二一日のころだけである。

自分たちのことを「古代からの由緒正しい民族」と呼んだ誇り高いアナサージ族（訳注＝アメリカのアリゾナ州の北部とニューメキシコ州の高原に住む先住民）たちは、毎年六月二一日には、がらがら音のする装身具や羽毛やトルコ石を身につけて、この礼拝堂に集まり、太陽の力をたたえたことだろう。

彼らは、月の動きも観察した。礼拝堂の高いところに作られた二八の祭壇は、月がもとの星座のところに戻るまでの日数を示しているのだろう。これらの人たちは、太陽や月や星に細かな注意を払った。

同じような考えに基づく装置が、カンボジアのアンコール・ワット、イギリスのストーンヘンジ、エジプトのアブ・シンベル神殿、メキシコの古都チチェン・イッツァ、北アメリカの大平原にもある。

こよみを知るための装置といわれているもののなかには、たまたまそのような配置になったものもあるだろう。たとえば、六月二一日に太陽光線が窓から入って祭壇を照らす、というのも、偶然そういう配置になったのかもしれない。

しかし、それとはまったく違った、すばらしい装置もある。アメリカ南西部のある地方に、三枚の石板が垂直に立てられているが、それは、すばらしい装置の一つである。その石板は、一〇〇〇年ほど前に、そこに運んできて立てられた。その石板には、銀河にちょっと似たうずまき模様が彫られている。夏至の六月二一日には、石板のすき間から差し込んだ太陽光線が、うずまきを二つに分ける形になる。そして、冬至の一二月二一日には、二本の太陽光線が、うずまき模様を両側からはさむ形となる。これは、正午の太陽を利用して空のカレンダーを読むすぐれた方法である。

では、なぜ世界中の人たちが、このように天文学を学ぼうと努力したのだろうか。

私たちの祖先は、カモシカや水牛の狩りをしていたが、それらは季節によって居場所を変え、数が増えたり減ったりした。果物や木の実も、ある時期には摘み取れる状態になるが、ほかの時期にはそうではない。私たちが農業を発明してからは、作物を正しい季節に植えたり、収穫したりするよう気をつかわなければならなかった。あちこちに遠く散らばった遊牧民族の場合は、毎年、あらかじめ決められた時期に一カ所に集まった。

つまり、天のカレンダーを読む技術が上手か下手かは、文字通り、生死を分けることだった。

新月のあとには三日月が再び現れ、皆既日食のあとには太陽が再び戻ってくる。太陽のいないやっかいな夜が過ぎて朝になれば、太陽がのぼってくる。そのようなことは、世界中の人たちによって観察されていた。このような現象は、私たちの祖先に、死んでも生き返ることができるかのように語りかけていた。天は、死のない世界の象徴でもあったのである。

アメリカの南西部の谷を、風が音を立てて吹いてゆく。いまそれを聞くのは、私たち以外にだれもいない。しかし、それは、私たちより前に生きていた、思考力のある男たちと女たちのことを思い出させてくれる。それらの男女は四万世代にもおよんでいる。私たちの文明は彼らの上に成り立っている。しかし、私たちは彼らのことをほとんど知らない。

はびこる占星術

時代を経るにつれて、人びとは、それぞれの祖先から多くのことを学ぶようになった。太陽や月や星の位置と運動とを正確に知れば知るほど、いつ狩りをし、いつ種子をまき、いつ刈り入れ、いつみんなが集まればよいか、といったことが、ずっと正しく予告できるようになった。正確な測定を行うようになって、記録を残さなければならなかったので、天文学は、観測や数学を進歩させ、読み書きも発展させた。

しかしながら、かなり後になって、いささかおかしな考えが起こってきた。神秘主義と迷信とが、経験科学を攻撃したのである。

太陽と星とは、季節や食糧や暖かさを調節している。月は、潮の満ち干を調節し、多くの動物の周期を支配しているし、おそらく人間の月経周期も調節している。これは、子供を持つのに献身する情熱的な人間にとっては、きわめて大切なものだった[*1]。

天には、もう一つ、別の種類のものがあった。それは、さまよい歩く放浪者で、惑星と呼ばれていた。遊牧民であった私たちの祖先は、この惑星たちに親近感を覚えたに違いない。太陽と月とを勘定に入れなければ、肉眼で見える「さまよう星」は五つだけである。それらは、もっと遠くの星を背景にして逆向きに動いた。何カ月にもわたって、それらを追っていると、それらは、一つの星座を離れて、別の星座へとはいってゆく。時には、宙返りのような曲線を、ゆっくりと天に描く（**左ページの図**）。

天にあるほかのものは、すべて人間の暮らしに、いくらかの影響をおよぼす。では、これらの惑星は、どのような影響をおよぼすのだろうか。

現在、西側の国では、新聞スタンドなどで占星術の雑誌を容易に買うことができる。それに比べ、天文学の雑誌を見つけるのは、はるかにむずかしい。また、アメリカの新聞は、事実上すべて、占星術のコラムを毎日のせている。しかし、天文学のコラムを週に一回だけでものせるような新聞は、ほとんどない。アメリカには、天文学者の一〇倍ぐらいの数の占星術師がいる。

パーティーなどで、人に会うと、私が科学者であることを知らない人は、ときどき「あなたは、ふたご座ですか」とたずねる。この場合、当たる確率は一二分の一だ。あるいは「あなたは何座ですか」ともたずねる。しかし、「超新星の爆発で金ができるという話を聞いたことがありますか」とか「火星探査機の予算を、議会はいつ承認すると思いますか」とかいう質問を受けることは、ほとんどない。

占星術師は「あなたが生まれたときに、惑星がどの星座にあったか、ということが、あなたの将来を大きく左右する」という。惑星の動きが、王や王朝、帝国などの運命を左右するという考えは、数千年も前に出てきたものだ。

　占星術師たちは、惑星の動きを研究し、それから、惑星が、この前に同じ位置に来たとき、どんなことが起こったかを調べる。たとえば、金星がこの前おひつじ座にいたとき何が起こったかを調べ、今度も同じようなことが、たぶん起こるだろうと予言するわけだ。

　これは微妙で危険な仕事である。当時、占星術師を雇うのは国家だけであった。多くの国で、公式の占星術師以外の人が、天空の前兆を読むことは、重大な法令違反であった。なぜなら、時の体制をくつがえすには、その体制が衰退に向かうと予言すればよかったからである。

　中国の宮廷では、不正確な予測をした占星術師は死刑にされた。そのほかの国の占星術師たちは、記録をごまかした。したがって、後世の人がその記録を見ると、予言はすべて実際の事件と一致している、ということになる。

　占星術は、つまるところ、観測、数学、注意深い記録、ぼやけた思考、善意の詐欺などが奇妙に入りまじったものとなった。

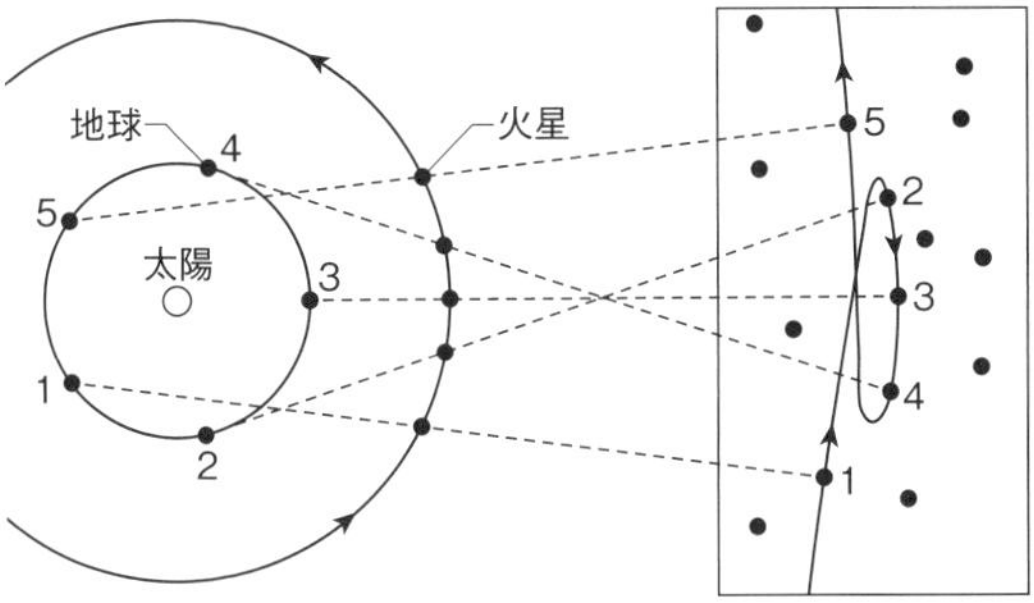

火星の逆行

しかし、もしも惑星が国家の運命を左右することができるのなら、当然、あした私に起こることにも影響をおよぼすに違いない。というわけで、個人的な占星術が、アレキサンドリア時代のエジプトで開発され、二〇〇〇年ほど前に、ギリシャ・ローマの世界に広がった。

今日、私たちは、占星術の古さを言葉のなかに見ることができる。たとえば、英語の「ディザスター（災害）」という単語は、もともとギリシャ語で「悪い星」という意味だった。「インフルエンザ」は、イタリア語の「星の感応力」という意味の言葉から出たものである。ヘブライ語の「マゼルトフ（乾杯！）」は、もとをただせばバビロニア語で、「よい星座」という意味である。イディッシュ語の「シュラマゼル」という単語は、無情な悲運に苦しめられている人たちを指すものだが、これも、もとはバビロニア語の天文学事典のなかにあった言葉だ。プリニウスによれば、ローマには「惑星にのろわれた」と思われる人たちがいたという。惑星は、死の直接的な原因になると広く考えられていた。また、英語の「コンシダー（考える）」という単語は「惑星とともに」という意味である。「真剣に考えるときには、まず惑星のことを考えよ」ということだろう。

一六三二年のロンドン市の死亡統計で考えてみよう。それによると、赤ん坊や子供の病死がおびただしい数にのぼっているが、そのほか「日光の反乱」による死や、「王の悪」（訳注＝瘰癧《るいれき》〔結核性の首のリンパ腺炎〕のこと）による死などがある。そして、私たちは「惑星に負けて死んだ」という記載を発見する。九五三五人の死者のうち一三人が「惑星に負けて」死んでいる。これは、「がん」で死んだ人の数よりも多い。「惑星に負けて」死ぬときには、いったい、どんな症状が現れるのだろうか。

　そのような個人的な占星術は、いまも生きている。いま、二つの新聞の占星術のコラムについて考えてみよう。それは、同じ日に同じ市で発行された二つの新聞で、一つは『ニューヨーク・ポスト』であり、もう一つは『ニューヨーク・デイリー・ニューズ』である。日付は、一九七九年九月二一日である。

　いま、てんびん座の人がいるとしよう。その人は、九月二三日から一〇月二二日までの間に生まれたのだが、『ポスト』の占星術師によれば「妥協をすれば緊張が弱まるでしょう」という。これは、たぶん有益だろうが、しかし、いくらかあいまいである。

　一方、『デイリー・ニューズ』の占星術師によると「自分自身をもっと主張しなければならない」という。これも、あいまいなお説教だが『ポスト』のお説教とは違っている。

　これらの予言は、決して予言ではない。むしろ、ささやかな忠告のたぐいである。彼らは「何をなすべきか」を述べており「何が起こるか」は述べていない。彼らは、わざと一般的な言葉を使い、だれにでも当てはまるようにしている。だが、それにもかかわらず、彼らの言っていることは、たがいに食い違っている。新聞社は、なぜこのようなものを、なんのことわりもなく、スポーツの統計や株式市場の記事といっしょにのせるのだろうか。

　占星術が有効かどうかは、ふた子の暮らしを見ればわかる。ふた子のひとりは交通事故や落雷事故で子供のうちに死に、もうひとりは、老人になるまで元気に生きている、といった例は数多くある。ふたりとも、まったく同じ場所で、たがいに数分違いで生まれたのだから、ふたりが生まれたときには、まさしく同じ惑星がのぼっていたはずだ。もし占星術が有効なら、なぜ、このようなふた子の兄弟が、それぞれまったく違う運命をたどるのだろうか。占星術師たちは、占星図が何を意味しているかについてさえ、意見の一致をみることができないことがわかる。

占星術師たちは、占う相手の生まれた場所と時刻以外には何も知らないのだから、その人の性格や未来を予言することは不可能である。注意深く見てみれば、そうだということがわかる。[*2]

占星術はニセの科学

地球上の各国の国旗には奇妙な特徴がある。アメリカの国旗には五〇の星があり、ソビエトとイスラエルの国旗には一つずつ星がある。ビルマの国旗には一四個、グレナダとベネズエラの国旗には七つ、中国のには五つ、イラクのには三つ、サントメ・プリンシペ（訳注＝アフリカ中西部のギニア湾にあるサントメ島などの島からなる国）の国旗には二つの星がある。

日本、ウルグアイ、マラウイ、バングラデシュ、台湾の旗には太陽がある。ブラジルの国旗には天球があり、オーストラリア、西サモア、ニュージーランド、パプア・ニューギニアの国旗には南十字星がある。ブータンの国旗には、地球のシンボルである竜が描かれている。カンボジアの国旗にはアンコール・ワット遺跡の天文観測所が描かれている。インド、韓国、モンゴル人民共和国の国旗には宇宙のシンボルが描かれている。

社会主義国の多くは、国旗に星を使い、イスラムの国の多くは、三日月を用いている。世界の国々のうちのほぼ半数が、国旗に天文学的なシンボルを使っている。この現象は、文化や地域に関係なく、まったく世界的である。しかも、それは、私たちの時代に限られたことでもない。紀元前三〇〇〇年ごろのシュメール人(訳注＝現在のイラク南部に紀元前五〇〇〇年ごろから住んでいた古代民族)たちの円筒形石印や、革命前の中国の道教信徒たちの旗にも星座が描かれていた。

どこの国も、天の太陽や星のように、力があり頼りになるものを国旗に映したいと望んだのだ。私はそう信じる。私たちは、宇宙とのつながりを求め、私たちは壮大なものの仲間になりたいのだ。

私たちは、占星術師たちがいいかげんに述べるような、個人的でちっぽけな、想像力に乏しいものと結びついているのではない。物質の起源や、地球に生物が住めることや、進化と人間の運命などを含めて、もっとも深いところで宇宙と結びついているのだ。そのことを、これから見ていこう。

いま人気のある占星術は、クラウディウス・プトレマイオスという天文学者まで、まっすぐさかのぼることができる。彼は同じ名のエジプト王とは関係なく、二世紀にアレキサンドリアの図書館で働いていた。太陽や月の宿る天宮のどこから惑星がのぼってくるかとか、みずがめ座の時代であるとかいう、神秘的なことは、すべてプトレマイオスから始まった。彼は、バビロニアの時代から伝わっていた占星術を集めて整理した。

プトレマイオスのころの、代表的な占星術の記録が残っている。それは、パピルスにギリシャ語で書かれたもので、西暦一五〇年に生まれた少女についての星占いである。

いとし子フィロエの誕生。アントニオス・カエサル皇帝の一〇年、ファメノス月の一五日から一六日にかけての夜の第一時。太陽はうお座にあり、木星と水星はおひつじ座に、土星はかに座に、火星はしし座に、金星と月はみずがめ座にあった。この子は、やぎ座。

月や年の数え方は、その後の何世紀ものあいだにかなり変わったが、占星術のほうは、こまかなところまで、あまり変わっていない。

プトレマイオスが書いた占星術の本『テトラビブロス』の代表的な一節は、つぎのとおりである。

土星は、東にあるときには、黒い皮膚、黒い巻き毛の、胸毛のはえた、たくましい男たちを家来にする。彼らの目の大きさは中ぐらいで、背丈も中程度。気質は、湿気と寒気を多すぎるくらいに含んでいる。

プトレマイオスは「人間の行動は惑星や恒星に影響されている」と信じていただけでなく、「人間の背丈や顔つき、生まれつきの気質やからだの異状なども星によって決められている」と信じていた。この点に関しては、現代の占星術師たちは、もっと慎重な立場をとっているようだ。

プトレマイオスは春分点と秋分点の歳差を知っていた。しかし、今日の占星術師たちはそのことを忘れている。プトレマイオスは、大気の屈折で星の位置が違って見えることも書き残しているが、今日の占星術師たちはそのことも無視している。彼らは、月や惑星や、小惑星、彗星《すいせい》、クエーサー(訳注=強い電波を発する天体。準星)、パルサー、爆発する銀河、連星、激変する変光星、X線源などには、ほとんど関心を示さない。それらの多くは、プトレマイオスの時代よりあとに発見されたものである。

天文学は科学である。それは、宇宙を、あるがままに研究する学問である。一方、占星術は、ニセの科学である。ちゃんとした証拠もないのに「惑星は、私たちの毎日の暮らしに影響をおよぼしている」と占星術は主張する。プトレマイオスの時代には、天文学と占星術の間には、はっきりした区別がなかった。しかし、今日、その区別は、はっきりしている。

進歩を妨げた天動説

天文学者としてのプトレマイオスは、星々に名前をつけ、それぞれの明るさを表にした。プトレマイオスは、地球が球形であると信ずる正しい理由も述べたし、日食を予言する規則も見つけ出した。しかし、おそらくもっとも重要なことは「惑星が遠い星座を背景として、奇妙な放浪をするのはなぜか」ということを理解しようと努めたことだろう。

彼は、惑星の運動を予言するためのモデルを考え、天からの手紙を解読しようと努めた。このような天界の研究は、プトレマイオスを有頂天にしたようだ。彼は、こう書いている。

私は、いずれは死ぬ身である。私は、自分がほんの一日のために生まれてきたことを知っている。しかし、無数の密集した星が天空をめぐるのを楽しく追っていると、私の足は、もはや地についていない。

プトレマイオスは「地球は宇宙の中心である」と信じていた。太陽や月や、惑星や恒星は、地球のまわりをめぐっているのだ。これは、もっとも自然な考えかたである。地球は安定しており、固くて動かないように見えるし、天体は毎日のぼったり沈んだりしている。私たちは、それを見ることができる。

すべての文化圏で、人びとは、地球中心の仮説に飛びついた。ヨハネス・ケプラーは、こう書いている。

したがって、前に教わったことのない人は、地球のことを、空という丸天井を持った大きな家と考えるだろう。それ以外のことは考えつかない。その家は動かず、そのなかでは、太陽は小さく見える。それは、一方から他方へと、空中を飛ぶ鳥のように動き回る。

しかし、惑星の動きは、どう説明すればよいのだろうか。たとえば、火星の変な動きは、プトレマイオスより何千年も前から知られていた。古代エジプト人たちは、火星のことを「セクデッド・エフ・エム・ケトケト」というあだ名でも呼んでいたが、これは「逆に旅するもの」という意味である。これは明らかに、火星の逆行や宙返りを示している。

　惑星の動きについてのプトレマイオスの考えは、小さな模型にすることができる。同じ目的のちょっと違った機械が、プトレマイオスの時代にはすでにあった。*3

　プトレマイオスの考えも、アルキメデスの模型と同じような、小さな装置で示すことができる。問題は、惑星の「真の」動きを「外側」から見て理解することだった。「内側」から見た「見かけ上の動き」を、きわめて正確に再現できるような真の動きを知ることであった。

　惑星は、透明で完全な球に固定されて地球を回っていると想像された。しかし、それは、透明な球に、じかに取りつけられているのではなく、中心のずれた車輪に取りつけられ、間接的に透明な球に固定されているのだった。

　球は回転し、車輪も回る。それを地球から見ると、火星は宙返りをする。このモデルは、惑星の運動をかなり正確に予測した。プトレマイオスの時代はもちろんのこと、その後何世紀もの観測技術の精度からいえば、それは十分に正確な予測であった。

　プトレマイオスの天球は、水晶で作られていたと、中世の人たちは想像した。それが、私たちがいまもなお「天球の音楽」（訳注＝天球は透明な幾層もの球からなっており、その各層の球の運動によって、美妙な音楽が生じた、とピタゴラスが説いた）について語り、第七の天国について語る理由である。プトレマイオスによれば、月の天球、水星の天球といったぐあいに、金星、太陽、火星、木星、土星がそれぞれ天球を持ち、ほかに恒星の天球もあった。それらの天球がそれぞれ天国とみなされたのだ。地球が宇宙の中心にあり、すべての創造が地球を主軸としてなされ、天は地球とはまったく違った原理に基づいて創られたと考えられ、天文学の観測をすることに意欲を持たなかった。

中世の暗黒の時代には、教会が支持したこともあって、プトレマイオスのモデルは一〇〇〇年以上にわたって天文学の進歩を妨げた。

しかし、一五四三年になって、惑星のみかけの運動を説明するまったく別の仮説が、ポーランドのカトリック教会の司祭によって発表された。その司祭の名は、ニコラウス・コペルニクスであった。

その仮説の、もっとも大胆な特色は「地球ではなく太陽が宇宙の中心だ」という主張であった。地球は、惑星の一つに格下げされた。それは、太陽から三つ目の惑星で、完全な円形の軌道を回っている、というものだった。

プトレマイオスも、このような太陽中心のモデルを考えたことがあったが、すぐに捨ててしまった。アリストテレスの物理学によれば、地球の、そのような激しい回転は、観測された事実に反するように思われたからである。

地動説の登場

コペルニクスの仮説は、少なくともプトレマイオスの透明な球と同じように、惑星の運動をうまく説明することができた（八五ページの図）。しかし、その仮説は、多くの人を悩ませた。一六一六年に、カトリック教会は、コペルニクスの本を禁書の一つとし、地区教会の検閲者が「訂正を加えるまでは」読んではならないことにした。この禁書の令は一八三五年まで続いた。[*4]宗教改革で名高いマルチン・ルターでさえ、コペルニクスのことを、つぎのように書いている。

彼は、成り上がりの占星術師だ。……この愚かものは、天文学のすべてをひっくり返したいと思っている。しかし、聖書は私たちに教えている。ヨシュアが「動くな」と命じたのは太陽であって、地球ではないと。

コペルニクスを尊敬していた人たちのなかにも「彼は、太陽が宇宙の中心だとほんとうに信じていたのではなく、惑星の運動を計算するのに都合がいいので、そのように提案しただけだ」と主張する人たちがいた。

地球中心説と太陽中心説という宇宙についての二つの考えの画期的な対決は、一六世紀から一七世紀にかけて生きたひとりの男の心のなかでクライマックスに達した。その男は、プトレマイオスと同じように占星術師でもあり、天文学者でもあった。人間の魂が足かせをはめられ、人間の心が手かせをはめられていた時代に、彼は生きていた。

古代の人たちが知らなかった技術によって、新しいことが発見されていたにもかかわらず、そのような発見よりも、一〇〇〇年も二〇〇〇年も前に教会が発表したことのほうが科学上信頼できる、と考えられた時代に、彼は生きていた。神秘的な神学上のことについても、カトリックであれプロテスタントであれ、そのときの教会が好むところと食い違ったことを信ずれば、辱めや税金、追放、拷問、死刑などによって罰せられる時代に、彼は生きていた。

天界には、天使や悪魔や神が住んでいて、神の手が惑星の透明な球を回しているのだった。自然現象の裏には物理学の法則があるかもしれない、という科学の考えは、不毛なものとされていた。

しかし、この男の孤独で勇敢な戦いは、近代の科学革命に火をつけた。

この男、ヨハネス・ケプラーは、一五七一年にドイツに生まれた。彼は、牧師になるため、子供のころ、いなか町マウルブロンのプロテスタントの神学校に入れられた。そこは、新兵宿舎のようなものであった。ローマ・カトリックの城を攻撃するための神学という兵器を使えるように、幼い心を訓練するところであった。

ケプラーは、意志が強くて頭がよく、きわめて自立心に富んだ子供であったが、荒涼としたマウルブロンの神学校では友達もできず、さびしい二年間を過ごさなければならなかった。彼は孤独で、引き込もりがちとなり、神の目から見れば無価値と思われるようなことばかり考えるようになっていった。彼の数多くの罪は、ほかの人たちの罪よりはよこしまではなかったが、彼はその罪を悔い、神の救いを受けることはあきらめた。

しかし、彼にとっての神は、つぐないを求めて怒るような神ではなく、それ以上のものになっていった。彼の神は、宇宙を創造する力を持っていた。子供の好奇心は、恐怖心よりもずっと強かった。彼は、世界の終末についての理論を学びたいと思った。彼は大胆にも、神の意志について考えた。

このような危険な考えは、はじめは弱々しいものであったが、やがて彼は、そのような考えに一生とりつかれるようになった。神学校の生徒だった少年の、このような思い上がった願いが、やがて、ヨーロッパ全体を、中世思想の閉じられた世界から引っぱり出すことになるのである。

古代の科学は、一〇〇〇年以上ものあいだ沈黙させられていたが、それは、アラブ諸国の学者たちのあいだで保存されていた。中世の末になると、そのような古代の声の弱々しい響きが、ヨーロッパの学校の教科のなかにゆっくりとはいり込んでくるようになった。

ケプラーは、マウルブロンで神学だけでなく、ギリシャ語、ラテン語、音楽、数学なども学ぶなかで、古代の科学の余韻も聞いた。

彼は、ユークリッドの幾何学のなかに完全さと神の栄光とをかいま見たように思った。彼は、のちに、こう書いている。

幾何学は天地創造の前からあった。それは、神の御心とともに永遠である。……幾何学は、神に天地創造の手本を示した。……幾何学は神自身である。

ケプラーの天啓

ケプラーは、数学のなかに喜びを感じていたし、引き込もった生活をしていた。しかし、欠点だらけの外界は、それでも彼の性格を形づくった。当時、迷信は、飢えや、疫病や宗教上の激しい対立などに悩む人たちにとっては、そのような悩みをごまかすための特効薬であった。多くの人たちにとって、ただ一つ確かなのは天の星であり、古代から伝わる占星術のお告げであった。占星術は、恐怖にとりつかれたヨーロッパ世界の酒場や中庭で栄えていた。

占星術に対するケプラーの態度は、生涯を通じてあいまいであったが、彼は「日常の混乱した暮らしの裏に、なにか規則が隠されているのではないか」と、いつも考えていた。もし、神がこの世界を創りたもうたのならば、それをくわしく調べてみるべきではないのだろうか。神が創りたもうたものは、すべて、神の御心のなかの調和を示しているのではないのか。「自然」という書物は、読者が現れるのを一〇〇〇年以上も待っていたのだ。

一五八九年、ケプラーはマウルブロンを去って、チュービンゲンの大きな大学で、牧師になるための勉強をすることになった。大学に入って、ケプラーは、自由の身になったように感じた。ケプラーは、その時代のもっとも重要な知的潮流のなかに身を投じた。彼の先生たちは、彼のすぐれた才能にすぐに気がついた。そして、ひとりの先生は、この若者に、コペルニクスの危険な、神秘的な仮説を教えた。

太陽中心の宇宙観と、ケプラーの宗教心とは共鳴し、彼は、その太陽中心説に熱中した。太陽は神の象徴であった。そのまわりを、ほかのすべてのものがめぐっているのだ。

彼は、司祭に任命される前に、聖職でない魅力的な勤め口を紹介された。彼は、自分が教会の仕事に必ずしも適していないことを知っていたからだろうか、紹介された仕事を引き受けることに決めた。彼は、オーストリアのグラーツに呼ばれ、そこの学校で数学を教えることになった。そして、まもなく天文学と気象学のこよみを編集するための準備と、占星術師になる勉強とを始めた。「神はすべての動物たちに暮らしの手段を与えている」と、ケプラーは書いている。「そして、神は、天文学者には、占星術を生計のすべとして与えたもうた」。

ケプラーは、すぐれた思索家であり、りっぱな文章を書いた。しかし、学校の先生としては、まったく落第だった。彼は、もぐもぐとしゃべり、しばしば脱線した。彼の教えることは、ときどき、まったく理解できないこともあった。グラーツでの最初の年には、何人かの生徒が、彼の授業をとってくれたが、あくる年には、だれも彼の授業を聴きにこなかった。彼の心のなかでは、連想や思考がいつも大きな声を立てており、それが彼の注意力を散漫にするのだった。

そして、ある快適な夏の午後、彼は、とめどもない授業の最中に、一つの天啓を受けた。それは、天文学の未来を大きく変えることになる重大な天啓であった。彼はおそらく、言葉をちょっと中断したに違いない。しかし、生徒たちは、授業が早く終わらないかと考えているだけで、授業に身を入れてはいなかったので、おそらく、この歴史的瞬間に、だれも気づかなかったことだろう。

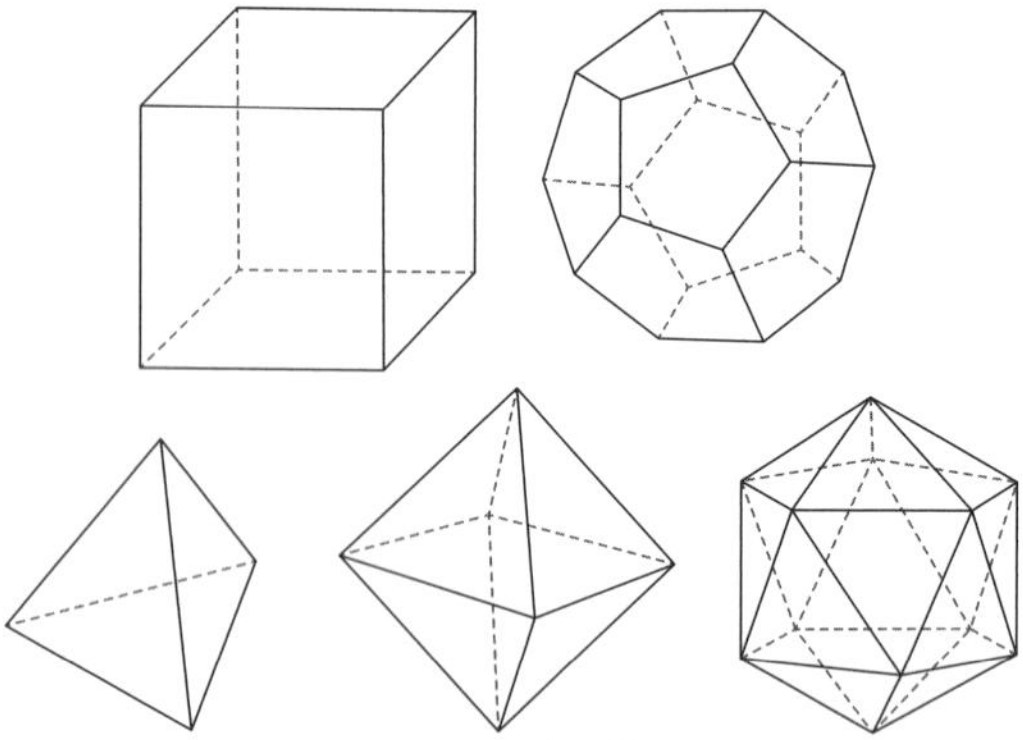

5つの正多面体

ケプラーの時代には、六つの惑星しか知られていなかった。水星、金星、地球、火星、木星、土星の六つである。ケプラーは「なぜ六つなのか」と考えた。

「なぜ、二〇とか一〇〇とかいう数ではないのだろうか」と、ケプラーは首をかしげた。コペルニクスが考え出した惑星の軌道と軌道の間にはすき間があるが、それはなぜなのか。そのときまで、だれもそのような疑問を持ったことはなかった。

一方、「プラトンの立体」とも呼ばれる正多面体は五つしかないことが知られていた。この多面体の面はすべて正多角形だが、このような立体は、ピタゴラスよりあとの古代ギリシャの数学者たちも知っていた。

ケプラーは、惑星の数と正多面体の数とは、たがいに関係があると考えた。惑星が六つしかないのは、正多面体が五つしかないからだ、とケプラーは考えた。正多面体は、それぞれが、別の正多面体のなかに、すっぽりと納まるが、このような関係をもつ正多面体が、太陽から惑星までの距離を決めている、とケプラーは考えた。

正多面体の完全な形を見て、ケプラーは、六つの惑星の天球をささえている、目に見えない構造を理解した。

彼は、自分が得た天啓を「宇宙の神秘」と呼んだ。プラトンの立体と惑星の位置とが関係していることを説明する方法は一つしかなかった。それは、幾何学者である神のなされたことである。

ティコのもとへ

ケプラーはびっくりした。彼は、自分のことを「罪に浸った人間」と考えていた。そんな自分がなぜ神に選ばれて、このような大きな発見をすることができたのだろうか、と彼は驚いた。

彼は、ビュルテンベルクの大公に、研究費の申請書を出した。それは、内接多面体を立体的に作り、だれもが聖なる幾何学の美しさを見られるようにしようという計画だった。それは、銀や宝石を使って作ることもでき、完成すれば大公の聖杯にもなるだろうと、彼は申請書に書き加えた。

この申請は採用されなかったが、親切にも「まず紙で安く作ってみるように」という忠告が戻ってきた。ケプラーは、すぐにそうしてみることにした。


　この発見によって私が得た強い喜びは、言葉では言い表すことができない。……私はどんなむずかしい計算もいとわなかった。昼も夜も、私は数学の計算に取り組んだ。私の仮説はコペルニクスの軌道と一致するのか、それとも、私の喜びは、ただのぬか喜びに終わるのか。

しかし、彼がどれほど苦労しても、正多面体と惑星の軌道とは、どうもうまく一致しなかった。彼は、理論の優雅さと壮大さから考えて、観測データのほうに誤りがあるのだろうと考えた。それは、科学史上、観測結果が理論に合わないとき、ほかの多くの理論家が引き出した結論と同じであった。

当時、惑星の位置をもっと正確に観測している人は、世界にたった一人しかいなかった。それは、みずから故国を離れたデンマークの貴族であった。彼は、神聖ローマ帝国の皇帝ルドルフ二世の宮廷で、王室数学者の地位を得ていた。その男の名は、ティコ・ブラーエであった。彼は、ルドルフ二世のすすめで、偶然にケプラーをプラハに呼ぶことにした。そのころ、ケプラーの数学的な才能は、しだいに有名になりつつあった。

ケプラーは、下層階級出身のいなか教師にすぎず、それまで二、三の数学者のあいだでしか知られていなかった。彼は、ティコから招かれて、気おくれしていた。しかし、ほかの要因が、彼に代わって決定を下した。

一五九八年には、やがて始まる三〇年戦争（訳注＝一六一八年から三〇年間、ドイツを中心に戦われた宗教戦争）の前兆とみられる出来事が起こっており、彼は、それに巻き込まれたのだ。オーストリアの大公はカトリック教徒で、その教義を固く信じていた。そして「異教徒を治めるくらいなら国土を荒れ地にしてしまったほうがましだ」[*5]と述べたほどだ。プロテスタントの信者は、経済的、政治的な権力から遠ざけられた。ケプラーの学校は閉鎖され、異教的とみなされたお祈りや本、賛美歌などは禁じられた。

そして、ひとりひとりが呼び出されて、個人的な宗教的信念の健全さを審問された。カトリックを信じることを認めなかったものは、収入の一〇分の一の罰金を科せられたり、苦しめられて死んだり、グラーツから永久に追放されたりした。ケプラーは追放を選んだ。

「私は偽善を学んだことがない。私は信仰については真剣である。信仰をもてあそんだりはしない」と、ケプラーは述べている。

ケプラーは、妻と養女を連れてグラーツを出てプラハへ向かった。それは、つらい旅であった。ケプラーの結婚は、しあわせではなかった。彼の妻はいつも病気がちで、生まれたふたりの子は、赤ん坊のうちに死んだ。ケプラーは、妻のことを「愚かで、すぐにふくれ、孤独で陰気だ」と書いている。彼女は、夫の仕事を理解しなかった。彼女自身、いなかの地主の家に生まれ育ち、夫の貧乏な職業をさげすんだ。ケプラーは、この妻に、ときどき説教もしたが、しかし、彼女を無視することもあった。


なぜなら、私は、ときどき研究のことで頭がいっぱいになることがあったからだ。しかし、私は、彼女に関しては忍耐力を持つことを学んだ。私の言葉が妻の心にしみたと思われれば、私はそれ以上しからず、むしろ自分自身のつめをかむことにしていた。

しかし、ケプラーは、自分の仕事に没頭し続けた。

彼は、ティコのところを、悪い時代の避難場所と考えた。そこで、自分の信ずる「宇宙の神秘」を確認しようと、彼は考えていた。彼は、偉大なティコ・ブラーエのように同業者の尊敬をかち得たいと望んでいた。ティコ・ブラーエは、天体望遠鏡が発明される前に、三五年にもわたって、時計のように正確で、秩序ある宇宙の観測に身をささげてきた。

しかし、ケプラーの期待は満たされなかった。ティコ・ブラーエは、派手で、遠慮のない男だった。学生のころ、どちらがよりすぐれた数学者であるかを争って決闘し、鼻を失っていたので、彼は、金で作った人工の鼻をひもでくくりつけていた。彼のまわりには、騒がしい助手たちや、おべっか使い、遠い親類、居候、といった人たちが集まっていた。彼らは、たえず飲めや歌えの大騒ぎをやり、当てこすったり、陰謀をめぐらしたりもした。信心深いが野暮ないなか者のケプラーは、残酷にからかわれた。ケプラーは、ふさぎ込み、悲しい気持ちになっていた。

ティコ・ブラーエは……、このうえもなく豊かである。しかし、お金をどう使うかを知らない。彼が持っている道具の一つでさえ、私と私の家族との全財産をたし合わせたものよりも高い。

ケプラー説の崩壊

ケプラーは、ティコの天文学のデータを早く見ようとしんぼう強く待った。しかし、ティコは、ときどきデータのはしきれをケプラーに投げてよこすだけだった。

ティコは、彼の経験を私に分けてくれようとはしなかった。彼は、食事のときか、なにかほかのことをしている合間に「きょうは、あの惑星が遠地点にくるよ」とか「あすは、この惑星が交点にくるよ」とか、まるでふと思いついたかのようにいうだけだった。ティコは、もっともすぐれた観測データを持っていた。……彼は協力者も持っていた。しかし、彼は、それを使いこなす人を持っていなかった。

ティコは、その当時の、もっとも偉大な観測の天才であった。そして、ケプラーはもっとも偉大な理論家であった。彼らはそれぞれに、正確でつじつまの合った宇宙像を生み出すことが緊急に必要だと感じていた。そして、ひとりだけでは、それを実現できないことも知っていた。それにもかかわらず、ティコは、自分が一生かけた観測の結果を、いずれは競争相手になるかもしれない若者に渡そうとはしなかった。共同研究の結果を共著の形で発表することは、ティコにとっては、なぜか受け入れ難いことだった。理論と観測との所産である近代科学は、彼らの相互不信のため、生まれようとしながら、生まれることができずにいた。その後、ティコは一年半だけ生きていたが、そのあいだ、ふたりは何回も口論し、そして仲直りした。ティコは、ある日、ローゼンベルク男爵の夕食会に出席し、ぶどう酒を飲みすぎた。わずかでも席を立つのは男爵に対して失礼にあたるし、「健康よりも礼儀のほうが大切」と考えていた彼は、がまんし続けた。そのため、彼は、ついに、ぼうこう炎となり、その後、飲食の制限をかたくなに拒否したので、病状は悪化した。死の床についたティコは、ケプラーに自分の観測データを譲ると遺言した。

最後の夜に、彼は意識がみだれ、詩でもつくるように何度も何度も同じ言葉をくり返した。「私の生涯がむだに終わったと思われないようにしてほしい」「私の生涯がむだに終わったと思われないように……」と。それは、まるで詩をくちずさんでいるかのようであった。

ティコの死後、ケプラーは王室数学者に任命され、ティコの気むずかしい遺族から観測データを手に入れることに成功した。しかし「惑星の軌道はプラトンの五つの立体によって囲まれている」という彼の推論は、ティコの観測データによっても、立証されなかった。コペルニクスのデータと同じことであった。

ずっとのちになってから、天王星、海王星、冥王星などが発見されたため、彼の「宇宙の神秘」は、完全に否定された。そのような新発見の惑星と太陽との距離を決めるようなプラトンの立体は、もはやないのである。

ピタゴラスの内接多面体は、地球の衛星である月を説明することもできなかったし、ガリレオが発見した木星の四つの衛星も、彼の説には合わなかった。
しかし、ケプラーは、それで気分を害したりはしなかった。彼は、もっと多くの衛星を見つけたいと願ったし、それぞれの惑星がいくつずつ衛星を持っているかも考えた。彼は、ガリレオに、つぎのような手紙を書いた。

ユークリッドの五つの正多面体から考えると、太陽のまわりには六つ以上の惑星は存在しないという、私の著書『宇宙の神秘』の主張をくつがえさないで、しかも、惑星の数をふやすとしたら、いくつまでふやせるか、と私はすぐに考え始めました。……木星のまわりに四つの衛星があるということを私はけっして信じないわけではありません。それで天体望遠鏡が欲しいのです。そして、できることなら、あなたは火星のまわりに二個の衛星を発見して下さい。比例の関係からいえば、土星にも六個か八個の衛星があり、水星と金星のまわりにも、たぶん一個ずつ衛星があるでしょう。

火星には確かに二つの小さな衛星がある。その二つのうちの大きいほうの特徴的な地形には「ケプラー山脈」という名がつけられているが、それは、彼の推測に敬意を払って命名されたのである。しかし、土星、水星、金星に関する彼の推測は完全に間違っていた。そして、木星には、ガリレオが見つけた四つの衛星よりもっと多くの衛星がある。

私たちは、いまでも、なぜ惑星は九つしかないのか、なぜ太陽から適当な距離をもって離れているのか、といったようなことを、本当には知らないままである（第8章参照）。

楕円形の軌道

ティコは、火星やそのほかの惑星が星座のなかを動いてゆくようすを、何年にもわたって観測した。観測は、天体望遠鏡が発明される前の数十年間行われ、そのデータはそれまでに集められたもののなかでは、もっとも正確だった。

ケプラーは、それらのデータを理解しようと、情熱を傾けて熱心に研究した。太陽のまわりをめぐる火星や地球の、ほんとうの運行はどういうふうに説明すればよいのだろうか。逆行したり輪を描いたりする火星のみかけの動きを、当時の正確な観測データと食い違わないように説明することができるのだろうか。

ティコは、まだ生きているとき、火星のことはケプラーにまかせた。なぜなら、火星の動きは、もっとも不規則であり、円形の軌道でそれを説明するのが、もっともむずかしかったからである。

ケプラーは、数多くの計算にうんざりするだろうと思われる読者に対し、のちに、こう書いている。「このような退屈な手順にいやになった人たちがあるなら、少なくとも七〇回にわたって計算をくり返した私を、あわれと思って下さい」。

紀元前六世紀のピタゴラスや、プラトン、プトレマイオスをはじめ、ケプラーより前のキリスト教徒の天文学者たちは、すべて、惑星は円形の軌道にそって動いていると考えていた。円は「完全な」幾何学図形であると考えられていたし、高い天界にある惑星は、地球の「退廃」から遠く離れていて、神秘的な意味において「完全」であると考えられていた。ガリレオもティコもコペルニクスも、惑星の軌道は円形であると考え、コペルニクスは「円形以外のものを考えると、身の毛がよだつ」と書いている。なぜなら「最上の方法でなされた創造について、そのような不完全なものを考えるのは無価値であるから」というのであった。

それで、ケプラーも、はじめのうちは「地球と火星とは、円形の軌道にそって太陽のまわりをめぐっている」と想像した。

ケプラーは、三年間におよぶ計算の結果、火星の円形軌道に関して正しい数値を発見したと信じた。その数値は、ティコの一〇回の観測結果と、角度にして二分の差で一致した。一度は六〇分である。水平線から天頂までの角は九〇度である。したがって、数分というのは、測ろうと思うと非常に小さな角度である。とくに、天体望遠鏡のないころには、それは、きわめて小さな角度だった。たとえば、満月を地球から見ると、その角直径は、約三〇分である。

ケプラーは有頂天になって喜んだが、その喜びは、すぐに、ゆううつに変わった。ティコのほかの二回の観測データが、ケプラーの計算した軌道と一致しなかったからだ。その差は、八分の弧になった。

神の意志は、私たちに、ティコ・ブラーエのような勤勉な観測者を与えて下さった。彼の観測データは、……私のプトレマイオス的な計算では八分の差が生じるとの判決を下した。神のこのような判決を受けたら、私たちは、ありがたいと思わなければならない。……もし、私がこの八分の差を無視できると信じたとすれば、それは、自分の仮説に適当なツギを当ててつくろったにすぎない。しかし、それは無視してはならない差だった。この八分の違いが、天文学を完全に改める道を指し示してくれたのである。

円形の軌道と、ほんとうの軌道との違いは、正確な観測と、事実を受け入れる勇気とがなければ、見分けることができないだろう。

「宇宙は、調和のとれた比率で飾られている。しかし、調和がとれていれば、それは経験によって知りうるはずである」

ケプラーは、円形軌道の考えを捨てなければならなくなって身ぶるいした。そして、幾何学者である創造主に対する信仰に疑問を持たざるを得なくなった。彼は、円形軌道とらせん形の安定した天文学を捨ててしまった。あとに残ったのは、楕円に似た引き伸ばされた細長い円であった。彼は、その楕円を「荷馬車一台分の馬ふんのようなもの」と述べている。

ケプラーは、つまるところ「円に対して自分が抱いていたあこがれの気持ちは、幻想にすぎなかった」と思うようになった。コペルニクスが言ったように、地球も惑星の一つだが、この地球は、戦争、伝染病、飢え、不幸などで破滅しかかっており、完全なものとはとてもいえない状況だ。そのことは、ケプラーにとっても明らかなことだった。

ケプラーは「惑星もまた、地球と同じように不完全な材料でできた物体だ」と主張した。そのようなことを言ったのは、古代以来、ケプラーが最初であった。

もし、惑星が「不完全」だとすれば、その軌道も同じように不完全なのではなかろうか。彼は、いろいろな楕円形の曲線について計算してみた。そして、二、三の計算違いをした。そのため、はじめは正しい答えを捨てるところだった。数カ月たったとき、彼は、やけくそな気分で楕円の公式を試してみた。その公式は、アレキサンドリアの図書館で、ペルゲのアポロニオスがはじめて編み出したものであった。ケプラーは、その公式がティコの観測データとみごとに一致することを発見した。「私が拒絶し追い払った自然の真理が、姿を変えて裏口からこそこそと戻ってきたのだ。……ああ、私はなんというバカな鳥だったのだろうか」。

ケプラーの三法則

火星は円形の軌道ではなく、楕円形の軌道にそって太陽のまわりをめぐっている。ケプラーは、そのことを見つけ出した。ほかの惑星の軌道は、火星の軌道のような細長い楕円ではない。したがって、もし、ティコが彼に対して、たとえば金星の動きを研究するように勧めていたら、ケプラーは惑星の真の軌道を発見しなかったかもしれない。

このような軌道の場合、太陽は楕円の中心にではなく、すこしずれたところにある。そこは、楕円の焦点である。

もし、一つの惑星が太陽にもっとも近いところを飛んでいれば、その速度は大きい。もし、それが太陽からいちばん遠いところを飛んでいれば、その速度は小さくなる。したがって、私たちは、惑星のこのような動きを「太陽に向かって、たえず落ち続けているが、太陽に到達することはできない運動」と説明することができる。

惑星の運動に関するケプラーの第一法則は、ただ単に「惑星は、太陽を一つの焦点とする楕円にそって動く」というだけのことである。

ふつうの円にそった一様な運動の場合には、円の弧と同じ長さを飛ぶのには、同じ時間がかかる。したがって、たとえば円周の三分の二を飛ぶのにかかる時間は、三分の一を飛ぶのに要する時間の二倍になる。

楕円形の軌道の場合には、すこし事情が違うことをケプラーは見つけ出した。太陽と惑星を結んだ線は、惑星の移動につれて楕円形のなかの一定の面積を覆う。それは、図（一一四ページ）に見るように、くさび形となる。

惑星が太陽の近くを飛んでいるときには、速度が大きいから、一定の時間に惑星がたどる弧は長い。しかし、太陽に近いため、くさび形の面積はそれほど大きくない。

逆に、惑星が太陽から遠く離れたところを飛んでいるときには、同じ時間に惑星がたどる弧は、太陽に近いときほど長くはない。しかし、このときは太陽から遠く離れているから、くさび形の面積は大きくなる。

惑星の軌道が、どれほど細長い楕円であっても、太陽と惑星とを結ぶ線が一定時間に描くくさび形の面積は、いつもまったく同じである。ケプラーは、このことも発見した。

惑星が太陽から遠く離れているときにできる、やせこけた長いくさび形の面積と、惑星が太陽に近いところにいるときにできる、短いずんぐりしたくさび形の面積とは、まったく同じなのである。これが、惑星の運動に関するケプラーの第二法則である。惑星は、同じ時間には、同じ面積のくさび形を描くのである。

ケプラーの第一法則と第二法則は、私たちにとっては、いくらか縁遠く抽象的なように思われるかもしれない。惑星は楕円軌道にそって飛び、同じ時間には、同じ面積を描く、というのだから。

それがどうしたというのか。たしかに、円にそった運動のほうが理解しやすい。私たちは、このような法則を「毎日の暮らしとは縁のない、数学のお遊び」として捨ててしまいやすい。しかし、私たちの地球も、私たちを引力によって、クギづけにしながら、この法則に従って宇宙空間を飛び回っている。私たちは、ケプラーが最初に発見した自然の法則に従って動いている。私たちが惑星に向けて宇宙探査機を送るときも、私たちが連星を観測するときも、はるかかなたの銀河の運動を調べるときにも、宇宙全体にわたって、ケプラーの法則が成り立っていることを、私たちは知ることができる。

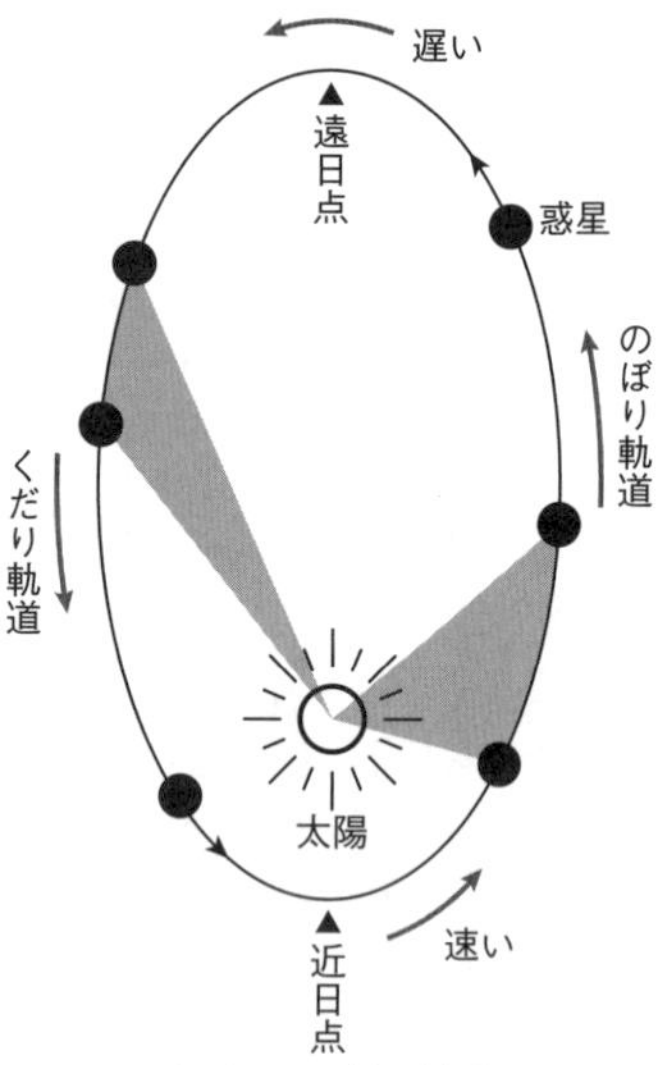

ケプラーの第二法則

何年もたってから、ケプラーは三番目の、そして最後となる惑星の運動法則を見つけた。それはいろいろな惑星の運動を、たがいに関連づけるものであり、時計仕掛けのように規則正しい太陽系を正しく説明するものだった。

彼は、この法則を『世界の調和』という題の本のなかで述べている。ケプラーは、多くのものごとを、調和という言葉によって理解した。たとえば、惑星の運動の秩序と美しさ、その運動を説明する数学的な法則が存在すること、そして「天球の音楽」といわれるような音楽的な調和などである。これらの調和は、ピタゴラスのころから注目されていたことだが、ケプラーも、それらのなかに調和を見つけ出した。

水星や火星の軌道とは違って、ほかの惑星の軌道は、真の円からほとんどずれていない。したがって、それらの軌道を図に描くと、真の円になってしまい、正確な楕円に描くことは不可能である。

地球は、私たちの、動く天文台である。そこから、私たちは、はるかな星座を背景にして動く、ほかの惑星を観測する。地球より内側の惑星はその軌道を速く動く。水星のことを英語では「マーキュリー」というが、これは、神々の使者のことである。使者はあちこち飛び回るので、水星は西欧ではマーキュリーと呼ばれたのである。

金星、地球、火星と、太陽から離れるに従って、太陽をめぐる速度は遅くなってくる。木星や土星のような外側の惑星は、堂々としてゆっくりと動く。英語では木星のことを「ジュピター」と呼び、土星のことを「サターン」と呼ぶが、それは二つとも、数多くの神々のなかで、もっとも偉い神の名前である。ゆったりと飛ぶさまは、まことに神々の王にふさわしい。

ケプラーの第三の法則、つまり調和の法則は、次のような内容だ。

「惑星が軌道を一周するのに必要な時間（周期）の二乗は、その惑星の太陽からの平均距離の三乗に比例する」

つまり、惑星は、太陽から離れていればいるほど、ゆったりと飛ぶのである。しかも、それは「周期の二乗は、太陽からの平均距離の三乗に等しい」という数式に正確に従う。この場合、周期は「年」で表し、平均距離は「天文単位」で表す。「天文単位」とは、太陽から地球までの距離を一とした尺度である。

例として木星を考えよう。木星は、太陽から五天文単位だけ離れている。したがって、五を三乗する。答えは一二五である。この一二五は、どんな数字の二乗だろうか。答えは一一である。一一の二乗は一二五に近い。したがって、木星が太陽を一周するのに必要な期間は一一年ということになる。

同じような計算は、すべての惑星、小惑星、彗星についても成り立つ。

神秘主義を超えて

ケプラーは、惑星の運動に関する法則を、自然のなかから引き出すだけでは満足しなかった。彼は、ものごとの下に横たわるもっと基本的なことを見つけ出そうと努力した。それは、天体の運動に対する太陽の影響を知ることだった。惑星は、太陽に近づくと速度が大きくなり、太陽から遠ざかると速度が落ちる。遠くの惑星も、なぜか、太陽の存在を感じているようである。同じように、磁力も遠くから感じることができる。ケプラーは、磁力に似たものが惑星の運動にも関係しているのだろうと考えた。それは「万有引力」の考えを予見したもので、まことに仰天すべきことであった。

私の目的は、天体のからくりが神聖な生物のようなものではなく、むしろ時計仕掛けのようなものだ、ということを示すことである。……天体の多様な運動は、すべて、ただ一つの、まったく単純な磁力によって支配されている。それは、時計のすべての動きが、単純なおもりに支配されているのと同じである（訳注＝当時の時計は、おもりで動いていた）。

磁力は、もちろん引力とは違う。しかし、ケプラーの根本的に新しいこの考えは、それだけで、息をのむほど重要なものであった。彼は、地球にあてはまる量的な物理法則が、天界を支配する量的な物理法則の基礎でもある、と主張したのだ。それは、天体の運動を、はじめて、神秘主義的でない論理で説明したものだった。それは、地球を宇宙のいなかの惑星にしてしまった。「天文学は物理学の一部である」と彼はいった。ケプラーは、歴史の最前線に立っていた。最後の科学的占星術師は、最初の天体物理学者でもあった。

ケプラーは、静かに控えめにものをいうたちではなかった。彼は自分の発見を、つぎのように分析している。

永遠の昔から続いてきた宇宙の声の交響曲を人間は一時間以内で演奏することができる。人間は、わずかではあるけれども、至高の芸術家である神の喜びを味わうことができる。……私は、思うままに聖なる熱狂に身をまかせる。……サイは投げられた。そして、私はいま本を書いている。この本は、いま読まれるのか、それとも、子孫たちによって読まれるのか。そんなことは問題ではない。神自身も、観測者が現れるまで六〇〇〇年も待った。それと同じように、この本も、読者が現れるまで一世紀でも待つことができる。

ケプラーは「宇宙の交響曲のなかでは、それぞれの惑星の速度は、どれかの音符に合致する」と信じた。彼の時代には、ラテン語の音階であるド、レ、ミ、ファ、ソ、ラ、シ、ドが一般的になっていたが、彼は「天球の音楽」のなかで、地球の音はファとミにあたると主張した。地球は、永久にファとミを口ずさんでいるのだが、ファとミを結合すると、ラテン語の「ファミ」になる。これは「飢え」を意味する言葉である。このことから、彼は「地球は、この『飢え』という悲しい一語でもっともよく言い表せる」と主張し、かなり多くの人を納得させることができた。

魔女にされた母親

ケプラーが第三法則を発見した日から数えて、ちょうど八日たったとき、三〇年戦争のきっかけとなる事件がプラハで起こった。戦争の騒ぎは、何百万人もの人たちの暮らしを台なしにした。ケプラーも、その何百万人かのうちの一人だった。

ケプラーは、兵隊たちが運んできた伝染病のために妻と息子とを失った。後援者だった皇帝は退位した。そのうえ、彼はルーテル教会からも破門された。教義に関して、彼があまりにも個人主義的だったからである。ケプラーは再び難民となった。カトリックもプロテスタントも、この戦争を「聖戦」と呼んでいたが、実体は、領土や権力の欲しい連中が、宗教的な狂信を利用しただけの戦争であった。

昔は、好戦的な君主たちが、みずからの資力を使い果たすと、戦争は解決することが多かったが、ケプラーの時代には、組織的な略奪によって戦場の軍隊を維持するようになっていた。農民たちの鋤《すき》や鎌は、文字通り、剣や槍《やり》に作り変えられ、*6 ヨーロッパの痛めつけられた大衆は、なすすべもなく立ちつくすだけだった。

うわさと狂気の波が、いなかまで押し寄せ、とりわけ力のない人たちを悩ませた。年をとった、ひとり暮らしの女たちが、魔女狩りの犠牲となった。ケプラーの母親カタリーナも、真夜中に、洗濯物を入れる箱のなかに押し込められて、連れ去られた。ケプラーのふるさとであるバイル・デア・シュタットの町では、一六一五年から一六二九年までのあいだ、毎年、三人ほどの老女が、魔女にされ、拷問にかけられて死んだ。カタリーナ・ケプラーは、つむじ曲がりの老女であった。彼女は議論が好きで町の貴族たちを悩ませたし、睡眠薬や、おそらくメキシコの祈禱《きとう》師のように幻覚剤も売っていた。あわれなケプラーは「母親が捕らえられたのは、ある程度、自分のせいだ」と信じた。

なぜなら、彼は、科学を説明し普及することをねらって、空想科学小説を書いたからである。それは『ソムニウム』という題の本だった。「夢」という意味である。彼は、月への旅行を想像して、この本を書いた。宇宙旅行者は月面に立つ。頭上の空でゆっくりと自転する美しい地球を、彼らは、そこから見る。私たちは、視点を変えることによって、世界がどのように動いているかを知ることができるのだった。

ケプラーの時代には、地球が自転しているという考えに反対する人たちがいた。彼らの主な反対理由は「動いていることが感じられない」ということだった。

ケプラーは『ソムニウム』のなかで、地球の自転のことを、劇的な言葉で、だれでも理解でき納得できるように書いた。

「大衆が誤りをおかさない限り……私は、大衆の側にいたいと思う。したがって、私は、できるだけ多くの人に説明しようと、大いに苦労するのである」

彼は、別の機会に、一通の手紙のなかでこう述べている。

「私のことを、数学の計算だけをやっているつまらぬ人間だと決めつけないで下さい。……私に、哲学的な思索に費やす時間を与えて下さい。それは、私のただ一つの楽しみなのです」[*7]

月にも知的生物？

天体望遠鏡が発明されたので、ケプラーのいう「月面地理学」が可能となった。『ソムニウム』のなかで、ケプラーは、月には山や谷がたくさんあり、「くぼ地や、深いほら穴もたくさんあって、穴だらけである」と書いている。

これは、ガリレオが世界最初の天体望遠鏡で発見した月面のクレーター（環状山）を紹介したものだった。彼は、また、月にも生物が住んでおり、月面のきびしい環境によく適応しているだろうと想像した。

彼は、月面から見た地球のことも書いている。それは、ゆっくりと自転している。地球の大陸と海とは、キリスト教伝説の「月の男」のような連想を起こさせるとし、スペイン南部とアフリカ北部とが、ジブラルタル海峡をへだてて向かい合っているさまを、ドレスを風になびかせた若い女性が恋人にキスしようとしている姿、と見立てた。しかし、私には、鼻をこすり合っているように見えてしまう。

月面では、昼も夜も長く続く。したがって「月世界では、気候はきわめてきびしく、酷暑の昼から酷寒の夜へと激しく変わる」と、ケプラーは書いている。この点では、彼は完全に正しい。

もちろん、彼は、月について、すべてを正しく想像したわけではなかった。たとえば、月には、ちゃんとした大気や海があり、生物も住んでいる、と彼は信じていた。また、月のクレーターの起源についての彼の考えも、非常に奇妙なものだった。クレーターのために、月は「天然痘であばたづらになった少年にいくらか似ている」と彼は述べた。クレーターは丘ではなく、くぼ地であると、彼は主張しているが、それは正しかった。

彼は、自分自身で観測して、クレーターの周囲は盛り上がって城壁のようになっており、中央に丘があることにも気がついた。しかしながら、彼は「このようなきれいな円形のくぼ地は、知能の高い生物でなければ作ることができないだろう」と考えた。

実際には巨大な岩石が天から降ってきて月面にぶつかり、そこで全方向に対称の爆発を起こして、円形のくぼ地を作り出したのだが、ケプラーはそのことを知らなかった。月面のクレーターや、そのほかの固体の惑星にあるクレーターの多くは、そのようにしてできたものである。

ケプラーは考えた。「理性をもった種族がいて、月面にくぼ地を建設しているのだろう。その種族には数多くの人がいて、あるグループはひとつのくぼ地を使っており、別なグループは別なくぼ地を建設している、といったぐあいだろう」

「そのような巨大な建設計画はあり得ないだろう」という意見に対して、ケプラーは、エジプトのピラミッドや中国の万里の長城を実例にあげている。ピラミッドや万里の長城は、今日、地球をめぐる人工衛星からたしかに見ることができる。

「幾何学的に秩序ある図形は、知的生物が作ったものだ」という考えを、ケプラーは一生を通じて持っていた。月のクレーターに関する彼の考えは、のちに展開された火星の運河についての論争（第5章参照）の原型のようなものである。それにしても、地球外の生物を探す試みが、天体望遠鏡の発明と同時に、その時代の最高の理論家によって始められたことは、まことに驚くべきことである。

『ソムニウム』の一部は、明らかに自伝的である。たとえば、この本の主人公は、ティコ・ブラーエを訪ねる。主人公の両親は薬屋である。彼の母親は、精霊や悪霊と心を通じ合わせることができる。その霊のひとりが、結局、月旅行のための手段を提供してくれる、という筋である。『ソムニウム』は、「感覚世界のなかでは決してあり得ないようなことを、夢のなかでは自由に見ることができる」ということを示したものだが、ケプラーの時代の人たちは、そのように思わなかったようである。空想科学小説というのは、三〇年戦争のころには、新しいものだった。そのため、ケプラーの本は、彼の母親が魔女であることを証明する材料として使われた。

ケプラーは、ほかにも重大な個人的問題をかかえていたが、大急ぎでビュルテンベルクに行った。七四歳の母親は、ガリレオがカトリックの牢屋《ろうや》につながれたようにプロテスタントの牢屋につなががれ、拷問にかけられていた。

ケプラーは、科学者なら当然することと思われることをやり始めた。魔女告発の理由とされたさまざまな出来事が、魔術のせいではなく自然の出来事であると説明しようとしたのである。彼の母親は、いろいろな理由で魔女とされ、告発されていた。たとえば、ビュルテンベルクの市民たちが軽い病気にかかったのも、彼女のまじないのせいにされていた。ケプラーの試みは成功した。彼の生涯においては、ほかの多くのこともそうだったが、ここでも、理性が迷信を打ち負かした。

彼の母親は追放された。判決には「ビュルテンベルクに戻ってきたら死刑に処す」との条件がつけられていた。しかし、ケプラーの勇敢な弁護のおかげで、ビュルテンベルクの大公は「このようなあいまいな証拠で魔女裁判をやってはならない」とのおふれを出した。

戦争の大混乱のため、ケプラーは経済的な援助を受けることができなくなった。そのため、彼は晩年には、お金や後援者を求めながら、気まぐれな毎日を送った。彼は、前にルドルフ二世のためにやったように、バレンシュタインの大公のために占星術を行った。そして、最後の数年間は、バレンシュタインの支配下にあったシレジア地方のサガンという町で暮らした。

彼の墓には、彼自身が考えた、次のような銘が彫られていた。

「私は天空を測った。そして、いまは影を測っている。魂は天空に向かい、肉体は地球に眠る」

だが、三〇年戦争のため、彼の墓はなくなってしまった。もし、今日、彼の墓を建てるとしたら、彼の勇敢な科学的精神に敬意を表して「彼は、なじみの幻想より、もっと強く確実な真理を愛した」と彫ればよいだろう。

ヨハネス・ケプラーは「宇宙旅行のできる日がきっと来る」と信じていた。「天空の風を受ける帆を持った宇宙船」が天空を航行し、その船には「宇宙の広大さを恐れぬ探検者たち」が乗っている、というのである。

そして、今日、人間であれロボットであれ、探検者たちは、広大な宇宙を旅するときの、間違いのない導きとして、惑星の運動に関するケプラーの三つの法則を利用している。それはケプラーが、生活の苦難と発見の熱狂にみちた生涯で明らかにした法則である。

天才ニュートン

ヨハネス・ケプラーは、生涯をかけて、惑星の動きを理解し、天界の調和を知ろうと努力したが、その努力は、彼の死後三六年たって、アイザック・ニュートンの研究のなかで実を結んだ。

アイザック・ニュートンは、一六四二年のクリスマスの日に生まれた。非常に小さな赤ん坊だったので、母親は何年もたってから「一クォート（約一リットル）のコップに入るくらいだったよ」と彼に話したものだった。

彼は病気がちで、両親に見捨てられたとひがんでいた。けんか好きで、人づきあいが悪く、生涯独身だった。しかし、このアイザック・ニュートンは、おそらく歴史上もっとも偉大な科学の天才だったろう。
ニュートンは若いころから、すでに「光は物質なのか、出来事なのか」とか「引力はどのようにして真空の空間を伝わるのだろうか」とかいう、非現実的な問題を考えていた。
また、父と子と聖霊とが一体であるという、伝統的なキリスト教の三位一体の考えは、聖書の読み違いであると、ニュートンは若いうちに断定していた。彼の伝記を書いたジョン・メイナード・ケインズは、つぎのように書いている。

彼の結論は、スペイン系ユダヤ人の神学者マイモニデスの学派が説くユダヤ教的一神論に近かった。それは、いわゆる合理主義とか懐疑主義とかいうことから導き出された結論ではない。彼は、古代の権威ある文書をそのように解釈したのだ。彼は、公表されている文書は、どれも三位一体説を支持していないと信じた。三位一体説は、後世の人たちの誤解に基づくものだと、彼は思った。そこに示されている神は、ただ一つの神であった。しかし、これは、恐ろしい秘密であった。ニュートンは、それを隠すのに、一生のあいだ非常に苦労した。

ケプラーと同じように、ニュートンも当時の迷信に対して免疫を持っていなかった。そして、何度も神秘主義とかかわりを持った。事実、ニュートンの知的な発展は、合理主義と神秘主義との対立による緊張が生んだものだということができる。

彼は一六六三年、二〇歳のとき、スタウアブリッジの大市で、占星術の本を買った。「どんなことが書いてあるか知りたいという好奇心から」買ったのである。彼はその本を読んでゆくうちに、一枚の図に出会った。彼は、その図を理解することができなかった。なぜなら、彼は三角法を知らなかったからである。そこで、彼は三角法の本を買った。しかし、その本に書いてある幾何学的な議論に、彼はついてゆけなかった。次に彼はユークリッドの『幾何学原論』を見つけ出し、それを読み始めた。そして、二年後には、微分法の計算を発明した。

大学生のころのニュートンは、光に魅せられ、太陽のとりこになっていた。彼は、鏡のなかの太陽を見つめるという、危険なことをした。

数時間で、私は目をひどく痛めた。そのため、どちらの目も明るい物体さえ見ることができず、見えるのは、目の前の太陽だけだった。そのため、私は書くことも読むこともできず、自分の部屋を暗くして三日間閉じこもった。そのあいだ、太陽のことを想像しないように気をそらすため、ありとあらゆることをした。なぜなら、暗いところにいたにもかかわらず、太陽のことを考えると、すぐに太陽の姿が目に浮かんでしまうからだった。

一六六六年、二三歳の彼は、ケンブリッジ大学の学生だったが、その年、ペストが流行した。そならなかった。

のため、彼は、生まれ故郷の片いなかウールズソープに戻って、一年間ぶらぶらと暮らさなければならなかった。

彼は、そこで微分法と積分法の発明に没頭したり、光の性質について基本的な発見をしたり、万有引力理論の基礎を築いたりした。物理学の歴史のなかで、これほど実りの多かった年をほかに探しても、アインシュタインの「奇跡の年」といわれた一九〇五年があるだけだ。

「あのようなすばらしい発見を、どのようにして成しとげたのですか」とたずねられると、ニュートンは「ただ考えただけですよ」と答えた。これでは、なんの参考にもなりはしない。

彼の研究は、きわめて重要なものだった。そのため、彼の先生だったアイザック・バローは、この若い学生が大学に戻ってから五年たったとき、数学教授をやめ、その職を彼に譲った。

四〇代なかばのニュートンのことは、彼の召使がつぎのように書いている。

馬に乗って外の空気を吸いに出たり、散歩したり、球ころがしをしたり、そのほかなにかの運動をしたり、といった気晴らしをするとか、余暇を楽しむとかいうことは、ニュートンはけっしてしなかった。彼は、自分の書斎以外のところで過ごした時間はむだになったと考えた。彼は、書斎にずっと引きこもっており、大学で講義をするとき以外は、めったに書斎から出なかった。……大学では、彼の講義を聴きに来る学生は、ほとんどいなかったし、彼の講義を理解できる学生は、もっと少なかった。聴き手がいないこともしばしばあり、ニュートンは壁に向かって講義をした。

ケプラーの学生たちも、ニュートンの学生たちも、自分たちが、どれほど貴重なものを聴かずにいるのか、けっして気がつかなかった。

リンゴと月の関係

ニュートンは「慣性の法則」を発見した。「動いている物体は、外から力が加われば道筋が変わるが、さもなければ、直線にそって動き続ける」というのが、この法則である。

月は、ほかから力が加わらなければ、円形の軌道の接線方向に飛び出してしまうだろう。そうならずに円形の軌道にそって飛んでいるのは、地球のほうへ引っぱる力が働いて、月が円形軌道を動くよう、絶えず向きを変えさせているからだ。ニュートンには、そのように思われた。

このような力を、ニュートンは「引力」と呼び、それは、遠く離れた物体にも作用する、と信じた。地球と月とのあいだには、この二つを物質的に結びつけるようなものは何もない。しかし、それにもかかわらず、月は私たちのほうへいつも引っぱられている。ニュートンは、ケプラーの第三法則を用いて、引力の性質を数学的に推定した。[*8] 彼は、リンゴを地面に引き落とす力と同じものが、月を地球のまわりの軌道に引き止めていることを示した。また、少し前に発見された木星の衛星を、遠く離れた木星のまわりの軌道に引き止めているのも同じ力であることを、彼は示した。

この世が始まったときから、物はずっと落ちてきた。月が地球のまわりをめぐっていることは、人類史が始まって以来、信じられてきた。しかし、この二つの現象が同じ力によるものだということを初めて考えついたのはニュートンであった。ニュートンの引力が「万有」と呼ばれるのは、すべてのことが同じ力によって起こるからである。同じ引力の法則が、宇宙のどこででも通用するのである。

これは、逆二乗の法則である。引力は、距離の二乗に反比例して弱くなる。もし、二つの物体の距離が二倍になれば、その二つの物体がたがいに引っぱりあう力は四分の一に弱まる。もし、二つの物体の距離が一〇倍になれば、引力は一〇の二乗分の一、つまり一〇〇分の一になる。

引力は、明らかに逆比例の関係でなければならない。距離とともに弱くなるのだ。かりに、引力が距離の大きさに正比例して強くなるとしたら、もっとも遠く離れた物体にもっとも強い引力が働き、宇宙のすべてのものは、よろめきながら一点に集まり、巨大なかたまりになってしまうだろう。私は、そのように想像する。

しかし、現実は逆である。引力は距離とともに弱まる。だから惑星や彗星は、太陽から遠く離れたところにいるときは、ゆっくりと進み、太陽に近づくにつれて、速く動くようになる。惑星や彗星が感じている引力は、それらが太陽から離れているほど弱くなる。

惑星の運動に関するケプラーの三つの法則は、すべてニュートンの原理から導き出すことができる。ケプラーの法則は、ティコ・ブラーエの苦労に満ちた観測のデータをもとにした経験則であった。それに反して、ニュートンの法則は理論的なもので、むしろ、単純な数式をもとにしていた。しかし、ティコの観測データは、つまるところ、すべてニュートンの法則から導き出すことができた。「これらの法則から」、ニュートンは『プリンキピア』のなかに、誇らしげに書いている。「私は、いまや、宇宙の構造のわく組みを示すことができる」と。

ニュートンは、晩年には、科学者の団体であるイギリス王立協会の会長を務めた。また、造幣局長官もやり、偽造硬貨を防ぐことに自分のエネルギーを注いだ。

彼の生まれつきの不機嫌さや、世捨て人的な性格は、年をとるにつれてひどくなっていった。彼は、他の科学者とのけんか口論のたねになるような科学の研究は放棄することを決心した。けんか口論というのは、主として、「どちらが先に発見したか」を争うことであった。ニュートンは今でいう神経衰弱にかかっているといった話を広めるやからもいた。

しかし、ニュートンは、錬金術と化学の境界線上の実験を死ぬまで続けた。最近みつかった証拠によると、彼の病気は精神病というよりは、むしろ重金属の中毒であった。砒素《ひそ》や水銀を少量ずつ長期にわたって摂取したための中毒である。当時の化学者たちは、分析の手段として、薬品などの味をみるのがふつうであった。

それでも、彼の驚異的な知能は、年をとっても衰えなかった。一六九六年に、スイスの数学者ヨハン・ベルヌーイが、ヨーロッパの数学者たちに、未解決の問題を出した。それは「最速降下線」と呼ばれる問題だった。

「鉛直面上に、離れた点が二つあるとしよう。一つの物体が上の点から下の点まで引力だけで落ちてゆくときに要する時間を最も短くするには、どのような道筋にそって降下すればよいか」という問題であった。ベルヌーイは、はじめ締め切りを六カ月後と設定した。しかし、ライプニッツの要請で、それを一年半後に延ばした。ライプニッツは当時の非常にすぐれた学者のひとりで、ニュートンとは別に微分法と積分法とを発明していた。

この問題がニュートンのところに配達されたのは、一六九七年一月二九日の午後四時だった。ニュートンは、あくる日の朝、仕事に出かける時刻までに、変分法というまったく新しい数学の一分野を発明した。そして、それを使って最速降下線の問題を解き、答えをベルヌーイに送った。その解答は、ニュートンの求めにより、匿名で発表された。しかし、その解き方のすばらしさと独創性から、だれが見てもニュートンのものだとわかった。

ベルヌーイは、解答を受けとったとき「爪跡を見て、あのライオンの仕業だとわかった」と述べた。ニュートンは、そのとき五五歳になっていた。

浜辺で遊ぶ少年

ニュートンの晩年の主な知的研究は、古代文明の年表を補正し改訂することだった。それは、古代の歴史家マネトン、ストラボン、エラトステネスたちと同じような伝統的な研究であった。

彼の遺稿となった最後の著書『改訂・古代王国年代学』のなかには、歴史的な出来事の起こった年を天文学的に補正したところが何カ所もあるし、ソロモンの神殿の建築学的な復元図などもある。また、北半球の星座の名は、すべて、ギリシャの物語『イアソンとアルゴ号の船員』のなかの人物、道具、出来事などにちなんでつけるという挑発的な主張や、ニュートン自身の神を除いて、ほかのすべての文明の神々は、古代の王や英雄たちを後世の人たちが神格化したものにすぎない、という筋の通った仮説なども、この本には書かれていた。

ケプラーとニュートンとは、人類史の重大な転機を代表する人たちであった。彼らは、比較的簡単な数学的な法則が、自然界のすべてに行き渡っていることを発見した。その法則は、地球にも天界にも同じようにあてはまるものだった。そして、世界の働き方と、私たちの考え方とは共鳴することを、彼らは見つけ出した。彼らは、断固として正確な観測データを尊重した。そして、彼らは、惑星の動きを、きわめて正確に予測した。それは、人間が、思いのほか深いところまで宇宙を理解できるという、動かし難い証拠となった。私たちの今日の地球の文明や、私たちの世界観、私たちの現在の宇宙探検などは、彼らの見識に負うところがきわめて大きい。

ニュートンは、自分の発見をきちんと守ろうとして、ほかの科学者たちと激しく争った。万有引力逆二乗の法則を発見してから、それを本にして出版するまでには一〇年も二〇年もかかったが、彼はそのことを何とも思わなかった。しかしながら、自然の壮大さと精密さの前には、彼も、プトレマイオスやケプラーと同じように興奮し、慎み深く控えめになった。

彼は、死の直前に、こう書いている。

世界の人たちに私がどのように見えるか、私は知らない。しかし、私自身にとって、私は浜辺で遊ぶ少年のように思われる。私はときどき、なめらかな小石や、ふつうより美しい貝がらを見つけては楽しんでいる。しかし、真理の大洋は、すべて未発見のまま私の前に横たわっている。

＊1＝月経という言葉自体、月に由来している。

＊2＝占星術と、その教義に対する不信の気持ちは、決して新しいものでもないし、西洋だけのものでもない。たとえば、一三三二年に兼好法師が書いた『徒然草』には、こう書いてある。
「赤舌日《しゃくぜつにち》のことについては、陰陽道は何も述べていない。昔の人たちは、この日を忌みきらったりはしなかった。それは最近のことである。だれがいい出して、この日を忌みきらうようになったのだろうか。この日に始めたことは、終わりまでうまくゆかず、この日に言ったことやしたことは思うように運ばず、手に入れたものはなくなり、計画したことは成功しないという。なんとばかげたことだろうか。吉日を選んでしたことが、最後までうまくゆかない例を数えてみれば、赤舌日にやってうまくゆかない例と同数になるだろう」

＊3＝彼より四世紀ほど前に、アルキメデスが、そのような装置を作った。その装置は、古代ローマのキケロが調べて書き残している。それは、シラクサを征服したローマの将軍マルケルスが持ち帰ったものだった。七〇代の科学者アルキメデスは、この将軍の部下の一人に、いわれなく殺された。それは、将軍の命令に反した殺害であった。

＊4＝しかし、最近になって、一六世紀に出されたコペルニクスの本をほとんどすべて収集して調べたところ、検閲は十分に行われなかったことがわかった。これは、オーウェン・ギンガーリッチ氏が調べたことだが、彼によると、イタリアにあった本のうち六〇パーセントしか「訂正されて」おらず、イベリア半島にあった本は一冊も訂正されていなかった。

＊5＝中世ヨーロッパや宗教改革の時代でも、もっとも極端な発言。のちに聖ドミニコと呼ばれたドミンゴ・デ・グスマンが、反ローマ教会のアルビ派が多数の都市を包囲して攻撃したとき「カトリックの信者とそうでない不信心なものとを、どうやって区別すればよいのか」と聞かれて「みんな殺してしまえばよい。天国の神が、自分の子供はご存じのはずだから」と述べたという。

＊6＝二、三の実物がグラーツの兵器博物館にいまも展示されている。

＊7＝ティコ・ブラーエも、ケプラーと同じように、占星術に対して敵意は持っていなかった。ただし、その当時一般に信じられていた占星術は、迷信を助長するものだ、と彼は考え、自分の秘密の占星術を、町の一

般の占星術と注意深く区別した。ティコ・ブラーエは、一五九八年に『天文機器』という本を出版したが、そのなかで、彼は、もし星の位置を示す図が正しく修正されるならば「占星術は、みんなが考えているよりは、もっと信頼できるものになる」と述べていた。また、彼は、こうも書いている。「私は天文学の研究だけでなく、錬金術の研究にも、一三歳のときから取り組んできた」。しかし「これら二つのニセの科学は、一般の大衆にとって非常に危険な秘密を含んでいる」と彼は感じていた。だが、彼の研究を後援してくれるような国王や君主の手のうちにあるあいだは、まったく安全である、と彼は考えていた。そのころの科学者たちのなかには、神秘的な知識は、自分たちと、時の権力者や教会の権威者たちだけにしか打ち明けるべきではないという、昔からの伝統的な、ほんとうに危険な考えを持つ人があった。ティコ・ブラーエも、そのような考えを持ち続けていた。「このようなものを広く一般に知らせても、何の役にも立たないし、不合理である」と彼は書いている。一方、ケプラーは学校で天文学を教え、数多くの本を出版した。自費出版したことも、しばしばある。そして、空想科学小説も書いた。それは、同僚の科学者に読んでもらうことを第一にねらったものではない。そのことは確かである。彼は、現代的な意味での科学啓蒙家ではなかったかもしれない。しかし、ティコからケプラーまでのわずか一世代のうちに、これほどの態度の違いが生じたことは、興味深い。

＊8＝悲しいことだが、ニュートンは、彼の傑作である『プリンキピア』のなかでは、ケプラーに対して感謝の言葉を述べていない。しかし、一六八六年にエドモンド・ハレーに出した手紙のなかでは、自分の万有引力の法則について「私は、二〇年ほど前に、ケプラーの定理からそれを引き出したのです。そのことは確かです」と述べている。

4　天国と地獄

天国へのドアと地獄へのドアは、隣り合っていて、見分けがつかない
——ニコス・カザンザキス『キリスト最後の誘惑』

天から降った火の玉

地球は美しく、どちらかといえば穏やかな場所である。物は変化するが、ゆっくりとしか変わらない。私たちの多くは寿命をまっとうすることができるし、暴風以上の激しい自然災害にあうこともない。したがって、私たちは満足し、くつろいで、何も心配せずに暮らしている。

しかし、自然の歴史には、はっきりした記録がある。世界はかつて、荒れはてていた。そして、いまや、私たち人間は、意図するとしないとにかかわらず、みずから重大な災害を作り出せるほど

の、あやしげな技術的能力を身につけてしまった。

ほかの惑星の表面には、過去の記録が保存されており、そこには、たいそうな破局の証拠がたくさんある。

すべては、時間の尺度の問題である。一〇〇年のうちには起こり得ないような出来事でも、一億年のあいだには、かならず起こる。この地球上では、二〇世紀になってからの短い期間にも、思いがけない自然現象が起こっている。

それは、一九〇八年六月三〇日の早朝、中央シベリアで起こった。巨大な火の玉が、猛烈な速さで天を横切って行ったのだ。それが地平線に達したとき、大爆発が起こった。二〇〇〇平方キロほどの森の木が、すべてなぎ倒され、落下地点に近い数千本の木が火を発して燃えた。

それは、大気中に衝撃波も生み出した。その波は、地球を二回もめぐった。二日後には、大気中に微小なチリが浮遊し、爆発地点から一万キロも離れたロンドンの街頭でも、夜、そのチリの散乱光で新聞を読むことができた。

ロシアは帝政の時代だったが、政府は、これを、つまらぬ出来事とみて、調査をしようとはしなかった。ツングース族の住む、はるかなシベリアで起こったことだったからである。

仰天した村人たち

調査団が現地を訪れ、目撃者たちから話を聞いたのは、革命後一〇年もたってからだった。以下は、調査団が聞いた証言である。

早朝のことでした。みんなは、まだテントのなかで眠っていました。すると、テントごと空に吹き上げられてしまいました。地上に戻ったときには、家族のみんなが軽い打撲傷を負っていました。アクリナとイワンとは、ほんとに気を失ってしまいました。気がついたときには、ものすごく大きな音が聞こえました。周囲の森の木の大半はなぎ倒され、多くは燃えていました。

朝食の時間でした。私は、バノバラの貿易事務所のベランダに腰を掛け、北の方を見ていました。ちょうど、タルにタガをかけようとオノを取りあげたときでした。……空が二つに裂け、北のほうの森の上の空全体が火で覆われたように見えました。その瞬間、まるで、着ていたシャツに火がついたかのような、ものすごい熱を感じました。……私は、シャツを引きちぎって捨てようと思いました。しかし、そのとき、空に大音響が聞こえました。なにか巨大なものが衝突したような音でした。私は、ベランダから五メートルほど離れた地面に投げ出され、ちょっとの間、気を失いました。妻がかけ出してきて、私を家に運び込んでくれました。それから、天から石が落ちてくるような、大砲をうっているような、そんな騒音が続きました。地面は震動していました。私は、地面に投げ出されたとき、頭を手でかくしました。なぜなら、石が落ちてきて頭に当たるような気がしたからです。次の瞬間、空が開けて、大砲から出るような熱い風が北の方から吹いて来て、私の家を吹き抜けて行きました。その風の跡が地面に残りました……。

朝めしの弁当を食べようと思って、鋤《すき》のわきに腰をおろしたときでした。突然、大砲のような大きな音が聞こえました。……それから、私の馬は驚いて、ひざまずいてしまいました。北のほうの森の上に炎が見えました。私は、両手で鋤をしっかりつかみました。でないと、風に持っていかれてしまいそうでした。風はものすごく強かったので、畑の土も、そうとうに吹き上げられました。私は暴風だと思いました。風は、アンガラ川の水も、上流へ向けて押し上げました。川には水の壁ができました。私の畑は、丘の斜面にありましたから、そんなことが、すべてはっきりと見えました。

馬たちは、その音に驚き、あるものは、鋤をひいたまま、狂ったように、あらぬかたへ走り出し、あるものは倒れてしまいました。

大工たちは、第一回と第二回の衝撃音で仰天してしまい、胸に十字を切りました。そして、三度目の衝撃音のときには、建築中の家から木クズの山のなかに落ちてしまいました。彼らのうちの何人かは、ひどく驚き、恐れおののいていました。私は、彼らをなだめ、安心するように言わなければなりませんでした。私たちは、みんな仕事をやめて村のなかに逃げ込みました。村人たちは、みんな通りに集まって、この出来事について話し合っていましたが、みんなこわがっていました。

私は畑に出ていました。……ちょうど鋤に一頭の馬を取りつけ、もう一頭も取りつけようとしていたときです。右のほうで、突然、大きな大砲をぶっ放したような音がしました。私は、すぐに振りむきました。すると、細長い物体が燃えながら空を飛んでいるのが見えました。前のほうは、後ろのほうよりずっと大きく、昼間見る火のような色をしていました。太陽の何倍もの大きさがありましたが、太陽よりはずっと光が弱く、したがって、肉眼で見ることができました。炎のうしろに、チリのような尾が見えました。それは、チリの小さな雲がいくつもつながったような形をしていました。そして、それが過ぎた後には、青い吹き流しのようなものが残っていました。……炎の玉が消えるとすぐに、大砲の音よりもっと大きな大爆音が聞こえました。地面は震動していました。そして、小屋の窓ガラスは割れてしまいました。

……私は、カーン川のほとりで羊毛を洗っていました。すると突然、驚いた鳥のはばたきのような音が聞こえました。……それから、波のうねりのようなものが、川をのぼってきました。

そのあと、大きな鋭い爆発音が聞こえました。音があまりに大きかったので、仲間のひとりは……川に落ちました。

彗星のかけらが衝突

この大変な出来事は「ツングースカの大爆発」と呼ばれている。「反物質のかけらが飛んできて、地球のふつうの物質と接触し、ガンマ線を放出しながら消滅したのだろう」といっている科学者もいる。

しかし、落下地点には放射能は残っていない。したがって、この説明には根拠がない。

「たぶん、小さなブラック・ホールがシベリアのところで地球のなかにはいり、地球を貫通して反対側から飛び出したのだろう」という説もある。しかし、大気の衝撃波をみる限り、その物体が、その後、北大西洋から飛び出したと考えることはできない。

「地球以外の天体の、想像もできないほど進んだ文明を持った生物が宇宙船に乗ってやってきて、手の打ちようのない故障のため、名も知らぬ惑星の片すみに激突したのだろう」という説もある。しかし、衝突地点には、そのような宇宙船のかけらは落ちていない。

以上のような考えは、これまでにすべて提出されている。そのうちのいくつかは、多少とも真剣に提案された説である。しかし、そのどれにも、たしかな証拠がない。

「ツングースカの大爆発」の重要な点は、そこで、大変な爆発が起こり、衝撃波が生じ、大規模の森林火災があったけれども、衝突によるクレーターはできなかった、ということである。

このような事実のすべてと矛盾しない説明は、ただ一つしかない。それは「一九〇八年に、彗星《すいせい》のかけらが、地球にぶつかった」という説である。

惑星たちの間の巨大な空間には、いろいろなものが数多く存在する。岩石あり、金属あり、氷あり、有機物を含んだものもある。チリの粒ほどの小さなものから、ニカラグアやブータンぐらいの大きさの、でこぼこの岩石まである。

そして、それらのものの行く手に、ときどき惑星が横たわっている。ツングースカの大爆発は、おそらく、氷でできている彗星のかけらによって引き起こされたのだろう。そのかけらは、直径が約一〇〇メートル、つまりフットボール競技場ぐらいの大きさで、一〇〇万トンほどの重さがあり、秒速三〇キロ（時速一〇万八〇〇〇キロ）ほどで飛んでいた。

今日、このような衝突が起これば、その瞬間の恐慌状態から、核爆発が起こったと誤解されることだろう。ツングースカのような彗星の衝突で火の玉ができると、一メガトンの核爆発とそっくり同じでキノコ雲もできる。核爆発と違う点は、ガンマ線が放出されないことと、死の灰が降らないこと、の二つだけである。

彗星の大きな破片がぶつかるという、まれな自然現象が、核戦争の引き金になりうるだろうか。それは、奇妙な筋書きである。彗星のかけらは、過去には何百万個も地球にぶつかっているのだが、それと同じように、小さな彗星が地球に当たったとしよう。すると、現代の文明は、それを核攻撃と誤解して自滅の核戦争へと突進する。

私たちは、彗星の衝突と、その結果起こる破局について、もう少しよく理解しておいたほうがよいだろう。

たとえば、一九七九年九月二二日、アメリカの人工衛星「ベラ」が、南大西洋と西インド洋のあたりで、強烈な二つの光を検知した。それは、最初「二キロトン、広島原爆の六分の一ぐらいの威力を持つ原子爆弾を、南アフリカかイスラエルが秘密裏に実験したのだろう」と推定された。世界の各国にとって、その政治的な影響は大きいだろうと考えられた。

しかし、この光が、核爆発ではなく、小さな小惑星か彗星の衝突によって生じたものだとしたら……。光の見られたあたりを、放射線測定器を積んだ飛行機が調べたが、大気中に異常な放射能はまったく検出されなかった。

これは、核兵器の時代には、小惑星や彗星のかけらを、もっとよく見張っておかないと、ほんとうに核戦争が起きる危険があることを示している。

夜空を飾る流れ星

彗星は、大部分が氷である。水（H_2O）の氷に、メタン（CH_4）の氷と、アンモニア（NH_3）の氷とが少しまじっている。ある程度の大きさの彗星のかけらが、地球の大気に突入すると、光り輝く巨大な火の玉となり、地面にぶつかると、猛烈な爆風を生み出し、そのため、木は燃え、森はなぎ倒され、爆風は世界中で観測される。

しかし、地面に大きなクレーターを作ることは、あまりない。氷は、大気圏に突入したあと、すべて融けてしまう。彗星のかけらとわかるようなものは、地上にはほとんど見つからない。彗星の核の氷でない部分が、小さな粒になって散らばっている程度のことだ。ごく最近、ソビエトの科学者E・ソボトビッチは、ツングースカの大爆発の現場に、小さなダイヤモンドが数多く散らばっているのを発見した。

衝突に耐えて残った隕石《いんせき》のなかには、そのようなダイヤモンドが入っている。そのことは、前から知られている。そして、そのような隕石は、もともと、彗星のものだったのかもしれない。

晴れた夜に、忍耐強く空をながめていると、孤独な流れ星が、短い時間、上空で光を放つことがある。ときには、雨のように流れ星が降るのを見ることができる。そのようなことが起こるのは、毎年、特定の数日間だけである。それは、自然の花火であり、夜空のショーである。

これらの流れ星は、マスタードの粒よりも、もっと小さい。それは、星というよりも、むしろ落ちてくる綿毛みたいなものだ。それらは、地球の大気にはいったとき、一瞬、輝く。高さ一〇〇キログらいの大気上層で、空気との摩擦のために熱せられ、こわれてしまうのである。

流れ星は、彗星の残りかすである。[*1] 太陽の近くを何回も通過した古い彗星は、太陽に熱せられ、蒸発したり、こわれたりする。その破片は、彗星のもとの軌道にそって散らばる。その軌道と地球の軌道とがまじわるところでは、彗星のくずが群れをなして地球を待っている。その群れの一部は、いつも、地球の軌道の同じところに存在する。したがって、流れ星の雨は、毎年、同じ日に観察される。

一九〇八年六月三〇日は、おうし座ベータ流星群の日であった。この流星群は、エンケ彗星（訳注＝木星の軌道の内側にあり、周期は三・三年）の軌道と関係がある。ツングースカの大爆発は、エンケ彗星のかけらによって引き起こされたものと思われる。そのかけらは、キラキラ輝く無害な流星群のもとになる小さな粒とは違い、相当大きなものだったろう。

彗星は、いつも恐怖と畏敬《いけい》の目で見られ、迷信のもとでもあった。当時、宇宙は、神によって創られた秩序正しい、変化のないものと考えられていた。それなのに、彗星は、ときどき出現した。それは、当時の宇宙観に反することであった。

乳白色の帯のような彗星の炎は、毎晩、星とともに上って、星とともに沈んだ。目を瞠《みは》るようなその彗星が、人間に影響をおよぼさないなどとは、とうてい考えられなかった。それで「彗星は災厄や神の怒りの前兆である」という考えが出てきた。また、王子の死や王国の崩壊を予言するものである、というのであった。

バビロニア人たちは、彗星を「天のあごひげ」と考えた。ギリシャ人たちは「流れる髪」と思い、アラブ人たちは「火の剣」と考えた。プトレマイオスの時代には、彗星は念入りに分類され、その形に従って「横げた」「ラッパ」「つぼ」などと呼ばれた。

プトレマイオスは「彗星は、戦争や暑い気候や騒乱をもたらす」と考えた。中世の人たちは「彗星は、正体不明の空飛ぶ十字架に似ている」と書いている。
マグデブルクのルーテル派教会の主教アンドレアス・セリキウムは、一五七八年に『新彗星に関する神学上の覚書』という本を出版した。彼は、天啓によって知り得た見解を書いているが、それによると、彗星は「人間の罪のかたまり」だとしている。

悪臭と恐怖に満ちた人間の罪の濃い煙が、毎日、毎時間、あらゆる瞬間に、神の御前に立ちのぼっている。それが、しだいに濃くなって、彗星となる。それは、カールした編み髪のようなものだが、最後には、天の最高神の審判の、熱い燃えるような怒りによって燃やされてしまう。

しかし、これに対しては「もし、彗星が罪の煙ならば、空はたえず燃え続けているはずだ」と反論する人たちもあった。

巨大なハレー彗星

ハレー彗星（あるいは別な彗星かもしれないが）の出現についての最も古い記録は、中国の『淮南《えなん》子《じ》』のなかにある。周の武王は、殷《いん》の紂王《ちゅうおう》を攻めたときに、彗星を見たという。紀元前一〇五七年のことである。

ユダヤの歴史家ヨセフスは「イスラエルの上空に一年中、剣が下がっていた」と書いているが、これは、六六年のハレー彗星であったと思われる。

一〇六六年には、ノルマン人たちがハレー彗星を見ている。それは、ある王国の崩壊の前兆であると、彼らは考えた。この彗星は、ある意味で、征服王ウィリアム一世のイギリス侵略を力づけた。この彗星は、当時の新聞ともいうべきバイユーのタペストリー（訳注＝フランス北西部の町バイユーのバイユー・タペストリー美術館に保存されている）に描かれている。

近代的写実画の開祖のひとりといわれるジョットは、一三〇一年にハレー彗星を見て、キリスト降誕の絵のなかに、それを描いた。

一四六六年の大彗星――戻ってきたハレー彗星――は、ヨーロッパのキリスト教社会を仰天させた。キリスト教徒たちは、彗星を送ってよこした神がトルコ側に味方しているのではないかと心配した。トルコ軍は、そのころちょうどコンスタンチノープルを占領していた。

一六世紀から一七世紀にかけての指導的な天文学者たちも、彗星には魅せられた。ニュートンでさえも、彗星のことでは、少しばかり興奮した。

ケプラーは「彗星は『海のなかを魚が泳ぐように』宇宙のなかを飛んでゆく。しかし彗星は、日光によって蒸発させられつつあり、彗星の尾は、いつも太陽から遠い方へと吹き流されている」と述べている。

多くのことについて妥協を知らない合理主義者だったイギリスの哲学者デイビッド・ヒュームは

「彗星は生殖細胞である」という説をもてあそんだ。それは、太陽系の卵子と精子であり、惑星は、星間の交接によって産み出されるものだ、というものであった。

ニュートンは、大学の学生だったころ、毎晩続けて夜空を徹夜で観測し、彗星を探した。そのころ、彼はまだ反射望遠鏡を発明していなかったので、肉眼で観測した。あまり熱心に続けたため、彼はついに疲れ切って病気になった。

アリストテレスやそのほかの学者たちは「彗星は大気中を動いている」と考えていたが、ニュートンは、ティコやケプラーと同じように「そうではない」と結論を下した。「月よりも遠く、土星よりも近い」と考えたのである。彗星は、惑星と同じように、太陽の光を反射して光る。「彗星は、はるかに遠い恒星のあたりにある、と考えている人たちは、間違っている。私たちの地球は、恒星の光をほとんど受けていないが、それと同じように、そんなに遠く離れた彗星は、太陽の光をほとんど受けられないからである」と、彼は書いている。

彼は、彗星も惑星と同じように、楕円の軌道にそって飛んでいることを明らかにした。「彗星は、惑星の一種である。非常に細長い楕円の軌道を描いて太陽のまわりをめぐっている」と彼は述べた。

これは、彗星の神秘性を解き、彗星が規則的な軌道を持っていることを予言したものだった。それを知った彼の友人エドモンド・ハレーは、一七〇七年に一つの計算を行った。それは、一五三一年、一六〇七年、一六八二年に現れた大彗星が、いずれも同じもので、七六年の周期で出現するということを、計算で明らかにしたもので、次は一七五八年に戻ってくるだろうと予測した。その彗星は、彼の死後、予測の通りに戻ってきた。そのため「ハレー彗星」と名づけられた。

ハレー彗星は、人類史のうえで興味深い役割を果たした。この彗星が一九八六年に戻ってくるときには、この彗星に向けて、史上最初の彗星探査機が送られることだろう。

彗星近づいて大騒ぎ

最近の惑星学者たちは「惑星に衝突した彗星は、その惑星の大気にとって重要な貢献をしている」と、ときどき主張することがある。たとえば、今日、火星の大気に含まれている水蒸気はすべて、火星に最近ぶつかった小さな彗星によるものだと説明することができる。

ニュートンは、彗星の尾の物質が蒸発して惑星間空間に散ってゆくことに気がついた。彗星はやせてゆき、惑星間空間に散った物質は、近くの惑星の引力によって、少しずつその惑星へと引きつけられてゆく。

彼は、地球の水は、しだいに失われてゆくと信じていた。「水は草木や腐敗のために失われ、乾いた土へと変わってゆく……。もし外から補給されないならば、地球の水はしだいに減ってゆき、最後にはなくなるだろう」。

ニュートンは「地球の海水のもとは、彗星であり、地球に生物が誕生したのは、彗星の物質が地球に降ったおかげである」と信じていたように思われる。そして、さらに神秘的な空想の翼を伸ばし、つぎのように書いている。

さらに私は、霊魂は主として、彗星から来たように思う。霊魂は、実際、私たちの空気のなかに含まれる最も小さな、最もとらえにくい、役に立つ粒子である。そして、それは、この地上のすべての生命を維持するのに必要なものである。

天文学者のウィリアム・ハギンスは、一八六八年に、早くも彗星のスペクトルを調べ、そのいくつかの特徴が、天然ガスやエチレン系ガスのスペクトルと同じであることを発見した。ハギンスは、彗星のなかに有機物があることを見つけ出したのである。その後、炭素と窒素の原子でできているシアンも、彗星の尾から発見された。これは、青酸カリなどのシアン化合物を作る分子のかけらである。

一九一〇年には、ハレー彗星の尾のあたりを地球が通過することになったが、このときには、多くの人たちが恐れおののいた。みんなは、彗星の尾は、ものすごく薄い気体だということを見逃していた。彗星の尾の毒は、一九一〇年に大都市の工場の煙で汚れた大気よりも、はるかに安全だった。

しかし、そう言ってみても、ほとんどだれも安心はしなかった。たとえば、一九一〇年五月一五日の『サンフランシスコ・クロニクル』のトップ記事には「家のように大きな彗星撮影用写真機」とか「彗星来て亭主の態度改まる」「彗星パーティー、ニューヨークで大流行」などという見出しがついている。『ロサンゼルス・イグザミナー』は、軽い調子の見出しをつけている。「彗星のシアンは、まだあなたを殺さないか……全人類が、やがて無料ガス室へ」「乱痴気騒ぎ近づく」「多くの人が、シアンのにおいをかいだ」「彗星に電話をかけようと、木にのぼり落ちて死ぬ」といった具合である。

一九一〇年には、パーティーが流行した。シアン・ガスの汚染で世界が終わる前に楽しんでおこうというのであった。商売人たちは「彗星よけの丸薬」とか「防毒マスク」とかを売り歩いた。防毒マスクは、第一次世界大戦の不気味な前兆でもあった。

彗星についての二、三の誤解は、現在まで尾を引いている。一九五七年のことである。私は大学院の学生として、シカゴ大学のヤーキス天文台にいた。ある夜ふけに、たったひとりでいたところ、電話がしつこく鳴り続けた。出てみると、かなり酔っ払った声が聞こえてきた。

「てんぶん学者がいるかね」

「ええ、天文学者ですが、なにか……」

「ウィルメットの町でガーデン・パーティーをやってたらな、空に何か見えるのよ。おかしいことだけんど、まっすぐ見たんじゃ見えんのよ。消えてなくなるんじゃ。じゃが、そこ見なけゃ、見えるんだよ」

人間の目の網膜のいちばん鋭敏なところは視野の中央ではなく、少しずれたところにある。だから、光の弱い星は、視線を少しずらすと、かえってよく見えることがある。

その時期に、やっと見えるものとしては、新しく発見されたアランド・ロランド彗星があった。私はそのことを知っていたので、そう告げた。しばらくしてから……。

「彗星って、なんだべ」

「彗星ですよ」と、私は答えた。「直径が一マイル以上もあるような、雪のかたまりですよ」

また、もっと間をおいて、電話の主は言った。

「悪いけんど、ほんもののてんぶん学者と代わってくんなよ」

ハレー彗星は、一九八六年に戻ってきた時、その出現を政治家たちはどのように恐れるだろうか。私たちのまわりで、どんなバカげたことが起こるだろうか。

惑星は楕円形の軌道にそって太陽のまわりをめぐっている。しかし、その軌道は、楕円とはいっても、あまり細長くはない。ちょっと見たところでは、真の円と、ほとんど区別がつかない。しかし、彗星（とくに周期の長い彗星）はとてつもなく細長い楕円形の軌道にそって飛ぶ。

惑星は、太陽系の内側にある古参者であり、彗星は新参者である。では、なぜ惑星の軌道は円形に近く、しかも、たがいにきちんと離れているのだろうか。もし惑星が非常に細長い楕円形の軌道を持っていたとしたら、それらの軌道はたがいに交わるだろう。そうすれば、惑星たちは、遅かれ早かれ、ぶつかってしまうだろう。太陽系の歴史のはじめのころには、たぶん、できつつある惑星がたくさんあったことだろう。そのうち、楕円形の交差する軌道を持つ惑星は、たがいにぶつかって、こわれてしまう運命にあった。円形の軌道を持つものだけが、成長し、生き残ったのだ。今日の惑星の軌道は、衝突という自然選択（自然淘汰）に耐え抜くことのできた惑星の軌道なのである。太陽系の安定した中年期は、初期の破局的な衝突の結果、得られたものである。

惑星たちのはるかかなた、太陽系の遠い端っこの暗闇のなかに、彗星の核が何兆個も集まった球状の巨大な雲がある。それは、円形の軌道にそって太陽のまわりをめぐっている。その速度は、インディ五〇〇のレース車よりも遅いくらいである。[*2]

代表的な彗星は、巨大な雪の玉である。その直径は一キロぐらいで、ぐるぐる回転しながら飛んでいる。彗星の大部分は、冥王星の軌道よりも内側にはけっして入ってこない。しかし、ときどき、近くを通る天体が、彗星の雲に対して引力をおよぼし、雲を振動させる。そのさい、一群の彗星が雲から飛び出し、きわめて細長い楕円形の軌道に乗って太陽のほうへと突っ込んでくる。のちに、その軌道が木星や土星の引力で変えられ、その彗星は、一〇〇年に一度ほどの割合で、太陽系の内側へとよろめきながらやってくる。そして、木星の軌道と火星の軌道の間ぐらいまでくると、熱せられて蒸発し始める。

太陽の大気から噴き出した物質の流れを「太陽風」というが、それが、彗星の氷やチリのかけらを、うしろのほうへと吹き飛ばす。それが尾である。

いまかりに木星の直径を一メートルとすると、彗星はホコリのひと粒よりも小さなものである。しかし、尾が十分に成長すると、それは、一つの惑星から次の惑星に届くぐらいの長さになる。

彗星が、地球から見えるところまでやってくると、地球に住む人間たちの間には、熱狂的な迷信

ハレー彗星（NASA）

が噴き出してくるのがつねだった。しかし、つまるところ、それは地球の大気のなかを飛んでいるのではなく、惑星の間を飛んでいるのだ、ということを人間たちはしだいに理解した。人間たちは、その軌道を計算し、星たちの世界からやってくるこの訪問者を探検するために、まもなく小さな探査機を打ち上げる。

破局的な衝突の証拠

遅かれ早かれ、彗星は惑星にぶつかる。地球と、その同伴者である月とは、太陽系ができたときの残りかすであるちっぽけな彗星や小惑星の爆撃を受けねばならない。宇宙には、大きな物体よりも、小さなもののほうがずっと多く存在するから、大きなものよりも小さなものが衝突することのほうが多くなるだろう。

ツングースカで起こったような、彗星の小さなかけらと地球との衝突は、一〇〇〇年に一回ぐらいの割合で起こるだろう。

ハレー彗星の核は、直径が二〇キロほどもあるだろうが、こんな大きな彗星が地球にぶつかるのは、一〇億年に一回ぐらいにすぎないだろう。

小さな氷のような物体が、惑星やその衛星にぶつかっても、あまり大きな傷跡は残さないだろう。しかし、衝突した物体が大きいか、あるいは主として岩石でできているときには、衝突地点で爆発が起こり、半球形のくぼ地ができる。これは、衝突クレーターと呼ばれている。

もし、浸食作用で消されたり、ホコリや砂で埋められたりしなければ、クレーターは何十億年もそのままの形で残るだろう。

月面では、浸食はほとんど起こらない。だから、月面を調べてみると、そこには数多くの衝突クレーターのあることがわかる。現在、太陽系の内側には、彗星や小惑星のかけらは、わずかしかない。したがって、いまあるかけらでは、あのような数多くのクレーターを説明することはできない。つまり、惑星や月が破壊されてしまうのではないかと思われるほどに、彗星や小惑星のかけらがぶつかった時代が前にあったのだ。そのことを、月面は、はっきりと物語っている。そして、そのような時代から今日まで、すでに数十億年もたっている。

衝突クレーターがあるのは月だけではない。太陽系の内域の惑星や、その衛星にも、クレーターがある。太陽にいちばん近い水星にも、雲におおわれた金星にも、火星にも、火星をめぐる二つの小さな衛星フォボスとダイモスにも衝突クレーターがある。水星、金星、火星の三つは、地球型惑星である。それらは、私たちの地球の家族であり、多かれ少なかれ地球に似ている。それらには、硬い表面があり、内部は岩石や鉄でできている。大気は、ほとんど真空に近いものから、圧力が地球の大気の九〇倍以上というものまである。これらの惑星は、光と熱の源である太陽のまわりに群がっている。それは、キャンプ・ファイアーのまわりに人が集まるのに似ている。

これらの惑星は、すべて四六億歳である。これらの惑星は月と同じように、太陽系の歴史の初期に、破局的な衝突の時代があったことを示す証拠を持っている。

火星の軌道よりも外へ出てゆくと、私たちは非常に違った世界へと入りこむ。それは、木星と、そのほかの木星型惑星の世界である。それらは、巨大な惑星で、大部分が水素とヘリウムとでできており、そのほかに、水素を多く含んだガス、たとえばメタン、アンモニア、水などが、わずかばかりである。

これらの惑星に、固体の表面を見ることはできない。見えるのは、ただ大気と、いろいろな色の雲だけである。これらは壮大な惑星である。地球のような、小さなかけらみたいな世界ではない。木星のなかには、一〇〇〇個の地球を納めることができるだろう。

彗星や小惑星が木星の大気のなかに飛び込んだとしても、私たちは、クレーターが見えると期待してはならない。雲のなかに、一瞬、裂け目が見えるだけである。しかし、太陽系の外域にも、何十億年にもおよぶ衝突の歴史がある。木星には一二個以上の衛星があり、そのうちの五個は、探査機ボイジャーが接近して調べられたが、それらにも、過去の衝突の証拠が残っていた。

今後さらに太陽系の探検が進めば、私たちは、九つの惑星のすべてについて、破局的な衝突の証拠を見つけ出すことができるだろう。水星から冥王星にいたるまで、そして小さな衛星や彗星、小惑星のすべてに衝突の証拠があるだろう。

月面の新クレーター

地球から天体望遠鏡で見ると、月の表側には、約一万個のクレーターが見える。その多くは、月面の大昔の高地にある。それらは、惑星間宇宙のチリが集まって月ができあがったころからあるクレーターである。「海」と呼ばれるところには、直径一キロよりも大きいクレーターが一〇〇〇個ほどある。「海」というのは、月面の低地で、月ができてまもなく流れ出した溶岩に覆われている。その溶岩は、前にあったクレーターまで埋めつくしている。

ここで、大ざっぱな計算をしてみよう。月の表側には、約一万個のクレーターがあるが、それが一〇億年かかってできたとすると、一個できるのに、平均して何年かかっただろうか。答えは、一〇億を一万で割った数、つまり一〇万年である。一つのクレーターができてから次のクレーターができるまでには、一〇万年の間隔があるのだ。

現実には、数十億年前の宇宙には、いまよりもずっと多くの彗星や小惑星のかけらがあっただろう。だから、私たちが、いま、月にクレーターができるのを見ようと思えば、一〇万年よりもっと長く待たなければならないだろう。地球の表面積は月よりも広いけれども、地球上に直径一キロ以

米アリゾナ州にある隕石孔（朝日新聞社）

上のクレーターができるのを見ようと思えば、一万年ぐらいは待たなければならない。

アメリカのアリゾナ州にある隕石クレーターは、直径一キロほどの衝突クレーター（写真）である。これは、二万年か三万年ぐらい前にできたものである。この地上での観察は、先ほどの大ざっぱな計算の結果と一致している。

小さな彗星や小惑星が、実際に月にぶつかれば、瞬間的な爆発が起こり、その光は地上からも見ることができるかもしれない。

一〇万年ほど前のある夜、私たちの祖先たちは、ぼんやりと空をながめていた。月の暗い部分から奇妙な雲が立ちのぼり、雲は、突然、太陽の光に照らされた。私たちの祖先は、それを見た――。私たちは、そんな出来事を想像することができる。しかし、歴史時代にはいってから、そのようなことが起こったとは、とても思えない。そんなことが起こった可能性は、一〇〇に一つぐらいの割合に違いない。しかし、月面で起こった衝突を肉眼で見たという、歴史的な記録がある。
それは、一一七八年六月二五日の夕方のことだった。イギリスの五人の修道士たちが、異常なものを見た。そのことは、カンタベリーのジャーベイスが、年代記のなかに書き残している。当時の政治や文化についてジャーベイスが書いたものは、一般に信頼できると考えられているが、彼は、目撃者たちに会い、宣誓してもらったうえで、本当の話を聞いた。年代記には、つぎのように書いてある。

空には、明るい新月がかかっていました。その鋭い角《つの》は、いつものように東のほうに傾いていました。ところが、突然、上のほうの角が二つに割れました。その割れ目のまん中あたりから、たいまつのような炎が上がり、火や熱い石炭のようなものや、火花が噴き出しました。

天文学者のデラル・マルホランドとオディール・カラムとは、いろいろ計算してみて、彗星や小惑星が月面にぶつかれば、ホコリの雲が表面から舞い上がり、カンタベリーの修道士たちが見たのとよく似た光景になることを知った。
もし、このような衝突が、わずか八〇〇年ほど前に起こったのであれば、そのときにできたクレーターは、いまでも見えるはずである。月には空気も水もなく、したがって、月面では浸食はほとんど見られない。そのため、数十億年も前の小さなクレーターでさえ、比較的よく残っている。ジャーベイスの記録を読めば、衝突の見られた場所が、月面のどこかということを、はっきり知ることができる。

衝突があれば、光条《こうじょう》というものができる。それは、爆発のときに、クレーターから噴出した微細な粉末が直線的に散らばってできたもので、光の筋のように見える。

このような光条は、非常に新しいクレーターのまわりにだけある。たとえば、アリスタルコス、コペルニクス、ケプラーなどという名のクレーターのまわりには光条がある。

しかし、クレーターは月面の浸食に耐えたとしても、光条は非常に薄いので浸食に耐えることができない。時がたつにつれて、宇宙の微細なチリである宇宙塵《じん》が降ってきて、月面のホコリをかき立てたり、光条の上に積もったりする。そのため、光条は、しだいに消えてゆく。したがって、光条は、最近の衝突であることを示す目じるしである。

隕石学者のジャック・ハートゥングは、カンタベリーの修道士たちが衝突を見たという、まさにその場所に、あざやかな光条を持つ、非常に新しい、できたばかりに見える小さなクレーターがあると指摘した。そのクレーターは、一六世紀のローマ・カトリック教会の学者の名をとって「ジョルダーノ・ブルーノ」と呼ばれている。この学者は「世界の数は無限であり、その多くには生物が住んでいる」と主張した。そのような主張やその他の罪のため、彼は、一六〇〇年、棒ぐいにしばりつけられて火あぶりの刑に処せられた。

この解釈とつじつまの合う別な証拠もある。それは、カラムとマルホランドが見つけたものである。

月に、ある物体が高速でぶつかると、月はわずかながら振動し始める。その振動は、結局は止まってしまうのだが、八〇〇年ぐらいの短い期間では止まらない。

このような振動は、レーザー光反射法の技術を使って調べることができる。アポロ宇宙船の飛行士たちは、月面の数カ所に「レーザー反射器」と呼ばれる特別な鏡を置いてきたが、それを利用するのだ。地上から発射したレーザー光線がこの鏡に当たると、光線は反射されて地球に戻ってくる。光が月まで行って戻ってくるまでの時間は、きわめて正確に測ることができる。この時間と光の速度とを掛け合わせると、そのときの地球から月までの距離が、これまた、きわめて正確に求められる。

このような測定は、何年にもわたって行われ、その結果、月は振動していることがわかった。これを「秤動《ひょうどう》」というが、その周期は約三年、振幅は約三メートルであった。それは「ジョルダーノ・ブルーノというクレーターができてから今日まで、まだ一〇〇〇年はたっていない」という考えと一致する数字であった。

このような証拠は、すべて推論による関接的なものである。前にも述べたように、このようなことが、歴史時代にはいってから起こったとは、とても思えない。しかし、証拠は、そのようなことが起こったことを示唆している。

ツングースカの大爆発やアリゾナの隕石クレーターも私たちに教えてくれるのだが、破局的な衝突は、すべて太陽系の歴史の初期だけに起こった、というわけではない。と同時に、はっきりした光条をもったクレーターは、月面にほんの数個しかない、という事実は、月面でさえ、ある程度の浸食は起こっている、ということを私たちに思い出させてくれる。[*3]

月面のクレーターの重なり具合や、そのほかの層位学上の特徴に注目すれば、月面での衝突や溶岩の流出がどんな順序で起こったかを再現することができる。そのような研究によっても、ジョルダーノ・ブルーノというクレーターは、もっとも新しい、ということができる。

飛びまわる小惑星

地球と月とは、あまり離れていない。月があれほどひどい衝突にさらされ、クレーターだらけになったのに、地球は、どのようにして、彗星や小惑星の衝突を避けることができたのだろうか。なぜ地球には隕石クレーターがわずかしかないのだろうか。彗星や小惑星は、人の住んでいる惑星には、ぶつからないほうがよいと考えたのだろうか。いや、彼らがそんな遠慮をするとは思えない。ただ一つの納得できる説明は、地球にも月にも、まったく同じ確率で衝突クレーターができたが、地球のクレーターは、ゆっくりした浸食によって消されたり、埋められたりしてしまい、一方、空気も水もない月面のクレーターは、きわめて長い年月のあいだ保存された、ということだろう。流れる水や、風に吹き飛ばされる砂粒や、造山運動などは、非常にゆっくりした変化しか引き起こさない。しかし、一〇〇万年も一〇億年もたつと、それらは、きわめて大きな衝突の傷跡も完全に消し去ってしまう。

惑星や、そのまわりの衛星の表面では、宇宙の彗星や小惑星のかけらがぶつかる、といった外的な変化のほかに、地震のような内的な変化も起こっている。ときには、火山の爆発のような、速い破局的な出来事もあるし、風に運ばれた小さな砂粒が岩石にぶつかって穴をあけるような、いやになるほどゆっくりした変化もある。

では、内的変化と外的変化とでは、どちらが決定的な力をもっているのだろうか。まれにしか起こらないが激しい出来事と、ありふれた目立たない出来事とでは、どちらが支配的なのだろうか。この問題については、一般的な答えは出せない。

月の場合は、外からの破局的な出来事が支配的であり、地球の場合は、内的なゆっくりした変化のほうが決定的である。火星は、その中間である。

火星の軌道と木星の軌道との間には、無数の小惑星がある。それは、小さな地球型惑星で、大きなものは、直径が数百キロもある。多くは細長い形をしており、回転しながら宇宙を飛んでいる。二つ以上の小惑星が、たがいに近い軌道を持っている場合もある。そのような小惑星は、しばしばたがいに衝突し、そのかけらがたまたま地球のほうへと飛んでくることもある。それが地上に落ちると「隕石」と呼ばれる。博物館の棚に飾られている隕石は、遠い世界のかけらである。

小惑星帯は、巨大なひき臼《うす》である。そこでは、おたがいの衝突によって、小惑星は、しだいに小さなかけらとなり、最後にはホコリの粒くらいになってしまう。

惑星表面の最近のクレーターは、主として、彗星と小惑星の大きなかけらとで作られたものである。

この小惑星帯は、大昔にいくつもの惑星が作られたとき、近くにある巨大な木星の引力による潮汐《ちょうせき》現象のために、惑星になりそこねた岩石の群れかもしれない。あるいは、爆発した惑星のかけらなのかもしれない。しかし、惑星が爆発したという説は正しくないようである。なぜなら、惑星がどういうわけで爆発するのか、地球上の科学者は、だれも説明できないからである。それは、わからないほうがいいのかもしれないが……。

土星の輪は、小惑星帯にちょっと似たところがある。そこには、数兆個の小さな氷のかたまりがあって、土星のまわりをめぐっている。それらは、集まって一つの衛星になるはずだったのに、土星の引力に妨げられて、衛星になりそこなったのかもしれない。あるいは、一つの衛星が土星に近づきすぎ、土星の引力による潮汐現象のため、こなごなにこわれ、そのかけらが、土星のまわりを飛び回っているのかもしれない。

あるいは、タイタンのような土星の衛星から放出される物質と、土星の大気のなかに落ち込む物質とのつりあいがとれていて、あのような輪が維持されているのかもしれない。

木星と天王星にも輪があることが、ごく最近わかったが、それらは、地球からはほとんど見えない。海王星に輪があるかどうかは、いま、惑星学者たちの間で大きな問題となっている。

輪は、宇宙のなかにある木星型惑星の典型的なネックレスなのかもしれない。

金星は木星の子供?

精神科医のイマヌエル・ベリコフスキーは、一九五〇年に『衝突する宇宙』という一般向けの本を出版し「土星から金星までの惑星間空間で、最近、大衝突が起こった」と主張した。

彼は「一つの惑星ほどの大きさの彗星が木星系のなかで誕生した」と主張する。その彗星は、いまから三五〇〇年ほど前に、よろめきながら太陽系の内域へとやってきて、地球と火星とに何回も接近した。そのさい、たまたま紅海を二つに引き裂き、モーゼと選民であるユダヤ人たちをエジプト王から逃れさせた。また、この彗星が、ヨシュアの命令のとき地球の自転を止めたのだという。

また、この彗星は、ものすごい地殻変動と洪水とを引き起こした、と彼はいう。[*4] ベリコフスキーによれば、この彗星は、惑星間空間で複雑な玉突きゲームを楽しんだあと、円に近い安定した軌道に落ち着き、金星になったという。「それ以前には金星はなかった」と、彼は主張している。

しかし、私は別のところで詳しく述べたのだが、このような考えは、ほとんど確実に誤りである。天文学者たちは、大衝突があったという考えには反対しないが、しかし、そのような大衝突が最近起こったという主張には反対する。

太陽系の模型を作ってみればわかることだが、軌道の直径と惑星の直径とを同じ縮尺で示すことは不可能である。なぜなら、同じ縮尺だと、惑星は小さすぎて見えないからである。もし惑星を同じ縮尺で示すなら、それはホコリの粒ぐらいの小さなものになる。それを見れば、ある特定の彗星が数千年のうちに地球にぶつかる可能性は、きわめて低いことが容易にわかるだろう。

そのうえ、「その彗星は、木星からやって来た」とベリコフスキーは考えているが、木星はほとんどすべて水素でできているのに、金星のほうは、岩石や金属でできた惑星で、そこには水素はあまりない。また、木星には、彗星や惑星を打ち出すようなエネルギーも存在しない。

かりに、一つの彗星が地球の近くを通りすぎたとしても、それは地球の自転を止めることはできない。もちろん、一日が二四時間という自転をもう一度始めさせることもできない。また「三五〇〇年ほどまえに、異常な地殻変動や洪水があった」という説を裏づけるような地質学的な証拠もない。

「その彗星が金星になった」とベリコフスキーはいっているが、しかし、それ以前から金星はあった。メソポタミアの銘文にそのことが示されている。[*5]また、ひどく細長い楕円形の軌道に乗っていた物体が、今日の金星の軌道のような、ほとんど真円の軌道に、急に移行する、ということも、きわめて起こりにくいことである。

科学者でない人たちはもとより、科学者たちも数多くの仮説を提唱するが、その多くは誤りだということが、のちになってわかるものである。

科学というのは、もともと自己修正的な仕事である。仮説が広く受け入れられるためには、確実な証拠をもって、真理のきびしい関門を突破しなければならない。

ベリコフスキー事件のよくない点は、彼の仮説が間違っているとか、確立された事実に反しているとかいうことではなく、科学者と自称する人たちが、ベリコフスキーの研究を抑圧しようとしたことだ。

科学は自由な研究によって進歩してきたし、自由な研究のために存在する。どんなに奇妙な仮説でも、その長所を考えてみよう、というのが科学である。不快な考えを抑圧することは、宗教や政治の世界にはよくあることかもしれないが、そのようなことは知識を求める人たちのすべきことではない。科学の研究にとっては、あってはならないことである。だれが根本的に新しいことを考えつくかは、前もっては知りがたいのである。

密雲に包まれた金星

金星は、大きさも密度も、地球とほぼ同じである。[*6] それは、地球にいちばん近い星であり、何世紀ものあいだ、地球の姉妹星と考えられてきた。

では、私たちのその姉妹星とは、いったい、どんなものなのだろうか。地球よりも少し暖かいのだろうか。それは、地球よりも太陽にちょっと近いので、さわやかな夏の惑星なのだろうか。そこには、衝突クレーターがあるのだろうか。それとも、クレーターは浸食によって消されてしまっているのだろうか。火山や山脈や海はあるのだろうか。生物はいるのだろうか。

天体望遠鏡ではじめて金星を見たのはガリレオで、それは一六〇九年のことだった。彼が見たのは、まったく何の特徴もない円盤であった。それは、月と同じく、細い鎌の形になったり、まんまるい円の形になったりした。ガリレオは、そのような満ち欠けに気がついた。そうなるわけも、月の場合と同じだった。私たちは、あるときは、金星の夜の部分だけを見ており、また、あるときは金星の昼の部分だけを見ている。この発見は、地球が太陽のまわりをめぐっているのであって、その逆ではない、という考えを強化することにも役立った。

その後、光学天体望遠鏡は大型化され、解像力（訳注＝こまかなところまで見分ける能力）が向上した。そして、それを使って金星も計画的に観測された。しかし、ガリレオ以上の観測結果は得られなかった。なぜなら、金星は厚い雲にすっぽりと包まれていたからである。

私たちは、明け方と夕方の空に金星を見る。しかし、そのとき、私たちは、金星の雲が反射した太陽光線を見ているだけである。人間が天体望遠鏡で初めて金星を見て以来、何世紀ものあいだ、その雲が何でできているかは、まったくわからぬままだった。

金星の表面は地球からまったく見えないため、二、三の科学者たちは、奇妙な結論を導き出した。「金星の表面は、地球の石炭紀と同じように、沼地になっている」という結論である。それについての議論は、「議論」と呼ぶほどのものではないが、かりに「議論」と呼んで威厳をつけるとすれば、あらましつぎのようなことになる。

「私は、金星の表面を見ることができない」

「なぜ？」

「雲で完全に覆われているからだよ」

「雲は何でできているの？」

「もちろん水さ」

「では、金星の雲はどうして地球の雲より厚いのかね」

「金星の雲は、地球の雲より多くの水を含んでいるからさ」

「だがもし雲のなかに多くの水が含まれているとするなら、金星の表面にも、水がたくさんあるだろう。水の多い湿ったところといえば……」

「沼地に決まっているさ」


もし、そこが沼地なら、金星にはきっとソテツが生え、大きなトンボが飛び、おそらく恐竜もいるだろう。

〈観測〉金星の表面はまったく見えない。

〈結論〉生物がたくさんいるに違いない。

金星の特徴のない雲が、私たちのものの考え方の傾向を浮き彫りにしてくれた。私たちは生きている。したがって、私たちは「どこにでも生物はいる」という考えに共鳴してしまう。しかし、ある特定の世界に生物がいるか、いないか、ということは、証拠を注意深く集めて分析したのちに、はじめて言えることである。

金星は、私たちのものの考え方に対して好意的ではなかった。

スペクトルの魔術

金星の本質についての最初の手がかりは、ガラスのプリズムと回折格子《かいせつこうし》によってもたらされた。

回折格子というのは、平面上に一定の間隔を置いて細い直線を何本も引いたものである。

ふつうの強い白色光を狭いすき間から入れ、プリズムか回折格子に当てると、光は広がって七色の虹のようになる。それを「スペクトル」と呼ぶ。

スペクトルは、可視光線の周波数[*7]の高いほうから低いほうへ、紫、青、緑、黄、だいだい、赤の順に並ぶ。私たちは、この色を見ることができるので、これは「可視光線のスペクトル」と呼ばれている。しかし、光はもっとはるかに幅が広い。私たちが見ることができるのは、長いスペクトルのごく一部分にすぎない。紫の光線よりも周波数の高いスペクトルの部分は、紫外線と呼ばれている。これも、光そのものであり、これは微生物を殺す力を持っている。私たちは紫外線を見ることができないが、マルハナバチはそれを容易に見ることができるし、光電素子もそれを感じることができる。

世界には、私たちが見ることのできないものが、もっとたくさんある。紫外線より先にはエックス線があり、エックス線のかなたにはガンマ線がある。

赤よりも周波数の低い光は、赤外線である。それは、スペクトルの赤より先の暗いところに、感度のよい温度計を入れてみたとき発見された。温度が上がったのである。その暗いところは、私たちの目には何も見えない部分だが、温度計の上には、ちゃんと光が当たっていたのだ。ガラガラヘビと半導体とは、赤外線を非常によく検知することができる。赤外線の先には、電波の広い領域がある。

ガンマ線から電波まで、すべて「光」という、よく知られた名を持つものである。それらは、すべて天文学の役に立つ。

しかし、私たちの目の能力には限界があるため、私たちは、可視光線のスペクトルと呼ばれる小さな虹の帯に対して、偏愛の気持ちを持っている。

一八四四年のこと、哲学者のオーギュスト・コントは、人間の知り得ない知識の実例を探していた。そして、遠く離れた恒星や惑星の組成を、その実例として選んだ。私たちは、それらの星を、身をもって訪問することはけっしてできないし、それらの星の試料を手にすることもできない。したがって、それらの星の組成は、永遠にわからない、と彼は考えた。それは「拒否された知識」である。

しかし、コントの死後わずか三年で、遠くの物質の化学組成を知るのにスペクトルを利用できることがわかった。

分子や元素は、それぞれ異なった周波数の光、つまり違った色の光を吸収する。吸収する場所は、可視光線のこともあれば、スペクトルのどこか別な場所のこともある。

惑星の大気のスペクトルの場合は、ところどころに暗い線ができるが、それは、その部分の光が失われていることを意味している。太陽の光線が惑星の大気のなかをちょっと通過するさいに、光の一部分が大気に吸収されてしまったのだ。スペクトルの暗い線は、それぞれ、特定の分子や原子によって作られる。すべての物質が、それぞれ特徴のあるスペクトルの指紋を持っている。したがって、六〇〇〇万キロ離れた金星の大気も、地球の上から調べることができる。

私たちは、太陽の組成も見抜くことができる。太陽のガスのうち、最初に見つかったのは、ヘリウムであった。それは、ギリシャの太陽神ヘリオスにちなんで命名された。

また、A型磁変星（訳註＝時間によって磁場の強さ、スペクトルが変化する恒星）がユーロピウムという元素を多く含んでいることもわかったし、はるかかなたの銀河についても、それを構成している一〇〇〇億個ほどの星の光を集めて、スペクトルを調べることができる。スペクトルを利用する分光天文学は、魔法に近い技術を駆使する。そのすばらしさに、私はいまでも目を瞠る。

オーギュスト・コントは、まことに不運な実例を拾い上げたものである。

もし、金星が水に浸ったような惑星ならば、そのスペクトルには水蒸気の線があるはずだ。それは容易に見つかるはずである。しかし一九二〇年ごろ、アメリカのウィルソン山天文台がはじめて金星のスペクトルを調べたところ、金星の雲のなかには、水蒸気らしいものは、まったくなかった。

金星の表面は、乾燥した砂漠のような状態で、上空には、珪《けい》酸塩のホコリの漂う厚い雲がたれこめている。スペクトルによる調査の結果は、そのような金星を暗示していた。

さらに調べたところ、金星の大気には、ものすごい量の二酸化炭素（炭酸ガス）が含まれていることがわかった。そこで、何人かの科学者たちは、こう考えた。「金星の水はすべて炭化水素と化合して、二酸化炭素になってしまったのだろう。ということは、金星全体が油田であり、金星の表面は、どこもかしこも石油の海に覆われている、ということだろう」と。

また、ほかの科学者たちは「雲の上層部は非常に冷たくて、水蒸気はすべて凝縮して水滴になっているのだろう」と考えた。水滴は、スペクトルの上では、水蒸気と同じ線を示さない。

彼らは「金星はどこもかしこも水ばかりで、ドーバー海峡のがけのような、石灰岩に覆われた島が、たまたま一つあるだけだろう」と考えた。しかしながら、大気中に大量の二酸化炭素が含まれているため、金星の海は、ふつうの水でできているのではなく、炭酸水でできている。そうでないと、物理化学上つじつまが合わない。「金星は、どこもかしこもソーダ水の海だ」と、彼らは主張した。

金星の正しい姿を知る最初の手がかりは、可視光線や近赤外領域のスペクトルの研究からではなく、電波の領域から得られた。

電波望遠鏡の働きは、カメラそのものよりも、むしろ露出計（光度計）に似ている。いま、電波望遠鏡を、空のかなり広い領域に向けておくと、その電波望遠鏡は、ある周波数の電波がどれくらい地球に降り注いでいるかを記録することができる。

私たちは、ラジオ局やテレビ局の人たちという知的生命体が発信している電波信号に、慣れ親しんでいる。しかし、自然界の物体も、さまざまな理由から電波を発する。その一つの理由は、その物体が熱い、ということである。

一九五六年に、初期の電波望遠鏡を金星に向けたところ、金星は、まるで超高温の物体ででもあるかのように、電波を出していた。

しかし「金星の表面は、びっくりするほど熱い」ということが、ほんとうにわかったのは、ソビエトの無人探査機ベネラが、金星の厚い雲をはじめて突き抜け、近寄りがたい神秘な金星の表面に着陸したときであった。

金星は、焼けつくように熱い、ということが、ついにわかった。そこには、沼地も、石油の海も、ソーダ水の海もなかった。十分なデータがなければ、だれでも容易に間違うものである。

四八〇度の焦熱地獄

私は、友達に会うとき、太陽や電灯の可視光線が、その友達に当たってはね返ってくるのを見る。光線は、友達に当たって反射し、私の目にはいる。

しかし、古代の人たちは、ユークリッドのような人物も含めて「私たちが物を見ることができるのは、私たちの目から光が出て、見る対象に積極的に触れるからである」と考えていた。これは、自然な考え方である。いまでも、そういうふうに考えている人たちがいる。しかし、このような考え方では、暗い部屋のなかで物が見えないことを、うまく説明することができない。

だが、今日、私たちは、レーザー光線と光電素子、あるいはレーダー電波の発信器と電波望遠鏡とを結びつけることによって、遠くの物体を光でさわってみることができるようになった。

レーダー天文学では、地上のレーダー発信器から電波が発射される。その電波は、金星の、地球のほうを向いている半球に当たってはね返る。

多くの波長の電波は、金星の雲や大気をつらぬく。金星表面の一部は、レーダー電波を吸収する。つまり、表面が非常に粗くて、電波を脇のほうへ散乱させてしまうのだ。したがって、地球上で反射波を調べると、そこの部分は黒く見える。

そこで、金星の自転によって、反射波の特徴が移動していくのを追っていく。それによって、金星の一日がどれくらいの長さであるかを、初めて正確に知ることができるようになった。つまり、金星が自転軸のまわりを何日でひとめぐりするかがわかったのである。それは、恒星を基準とし、地球の一日を単位として測ると、二四三日で一回転することがわかった。しかも、その自転の向きは、太陽系の内域にあるほかの惑星とは、まるで逆であった。

つまり、金星では、太陽は西からのぼって東へ沈む。日の出からつぎの日の出までの時間を金星の一日とすれば、それは、地球の日数で数えて一一八日であった。

そのうえ、金星が地球に近づくときには、いつも同じ半面を地球のほうに向けている。地球の引力の影響で、金星はいつも地球に同じ顔を見せるようになったのだが、このようなことは、短い期間では起こり得ない。したがって、金星の年齢がわずか数千年ということはあり得ない。それは、太陽系内域のほかの惑星と同じくらい古いに違いない。

地上のレーダー望遠鏡と、金星のまわりの衛星軌道にのったアメリカの無人探査機パイオニア・ビーナスのレーダーによって、金星表面のレーダー写真がうつされた。その写真には、衝突クレーターの存在を示す証拠があった。クレーターは大きすぎもせず小さすぎもせず、月面の高地と同じくらいの数であった。クレーターの数が多いことは、またも金星が非常に古いものであることを私たちに教えてくれた。

しかし金星のクレーターは、きわめて浅い。金星の表面は高温であるため、長いあいだに岩石の一部が溶けて流れ、そのため、なだらかな地形になったのだろうか。あたかも、砂糖菓子が溶けて流れたかのように見えるのである。

金星には、チベット高原の二倍ほどの広さの巨大な高地もあり、巨大な峡谷もあれば、たぶん巨大な火山も、エベレストほど高い山もあるだろう。

以前は、雲によって完全に隠されていた一つの世界が、いま私たちの前に姿を現した。その特徴は、レーダーと宇宙探査機によって初めて明らかにされた。

金星の表面の温度は、はじめ電波天文学によって推定され、のちに宇宙探査機によって直接に測定されたが、それは摂氏四八〇度ほどであった。台所のオーブンのなかの最高温度よりも高い温度である。

気圧は九〇気圧である。地球の大気圧の九〇倍ほどで、それは、深さ九〇〇メートルの海底で感じる海水の重さと同じくらいである。

したがって、金星の表面に長く滞在しようと思えば、宇宙船には冷房装置をつけるだけでなく、深海潜水艇《せんすいてい》のように丈夫に造らなければならないだろう。

アメリカとソビエトの宇宙探査機は、すでに一〇個以上も金星の濃い大気のなかに入りこみ、雲をつらぬいて降りて行った。そのうちのいくつかは、金星の表面で一時間かそこら生き延びて観測を続けることができた。[*8] ソビエトの二つの宇宙探査機は、金星表面の風景写真もうつした。

地球以外の世界を訪れた、これらの先駆的な探査計画の足跡を追ってみようではないか。

濃い硫酸の雨が降る

ふつうの可視光線で見ると、金星は、ほのかに黄色みを帯びた雲に覆われている。それは、ガリレオが初めて見たのと同じように、事実上、なんの特徴も示さない。

しかし、紫外線のカメラでうつすと、金星大気の上層には、複雑にうず巻いた美しい雲があるのを見ることができる。そこでは、秒速一〇〇メートル（時速三六〇キロ）ほどの風が吹いている。

金星大気の約九六パーセントは二酸化炭素であり、窒素、水蒸気、アルゴン、一酸化炭素などの気体が、わずかばかり含まれている。炭化水素は〇・一ｐｐｍ（ｐｐｍは一〇〇万分の一）しか含まれていない。

金星の雲は、主として硫酸の水滴でできており、少量の塩酸とフッ化水素酸とが含まれている。金星は、冷たい雲のある高空でも、きわめて危険なところであることがわかったのである。目で見える雲の表面よりも上の、金星表面から七〇キロほどのところまで、微小な粒子のモヤが広がっている。六〇キロのところまで降りてくると、私たちは雲のなかに突っ込む。すると、私たちは、濃い硫酸の水滴に取り囲まれる。

雲のなかを降りてゆくにつれて、水滴は大きくなっていく。大気の下層には、刺激性の強い二酸化硫黄（SO_2＝亜硫酸ガス）が、わずかに存在する。それは、雲のなかを上昇していって太陽の紫外線に照らされる。すると、分解され、そこにある水と再結合して硫酸となる。その硫酸は凝縮して水滴となり、大気の下層へと降ってゆく。すると、そこで熱せられて分解し、再び二酸化硫黄と水に戻る。このようにして循環が完結する。

金星では、いたるところでたえず硫酸の雨が降っている。しかし、その雨が金星の表面に届くことはない。

硫黄の色をした霧は、金星表面まであと四五キロという高さのところまで広がっているが、そこまでくると、私たちは、濃密で透明な大気の層に飛び込む。しかし、大気圧が非常に高いので、金星の表面を見ることはできない。

太陽光線は、大気の分子に当たって散乱し、金星表面の像は、すべて途中で失われてしまう。そこにはホコリもなければ雲もない。ただ、大気が、手でさわってみられるほどに濃くなってゆくだけだ。

金星の表面には、地球上の曇った日と同じように、上空の雲を通してかなりの太陽光線が達している。

気味の悪い、赤っぽい光のなかに、焼けつくような熱さと、すべてのものを押しつぶす圧力と、有毒な気体とが満たされている。そんな金星は、愛の女神というよりも、むしろ地獄の再現である。

わかっているかぎり、金星の表面には、まるい岩石やゴツゴツした岩がごたごたと散らばった場所がいくつかある。そこは、敵意に満ちた不毛の荒れ地であり、ここかしこに、遠い地球からやってきた宇宙船の、浸食された残骸が横たわっている。しかし、それらは、濃い、雲の多い有毒な大気のために、金星の外からはまったく見ることができない[*9]。

金星は、全体として破局の世界である。金星表面の温度が高いのは、猛烈な温室効果のせいであることが、いまや科学的にも明らかである。

太陽光線は、金星の大気や雲をつらぬいて金星の表面に達する。なぜなら、金星の大気や雲は、可視光線に対しては半透明だからである。

太陽光線で熱せられた表面は、熱を放出しようとする。しかし、金星の表面は、太陽に比べれば、はるかに低温なので、可視光線よりも赤外線を主として放出する。

ところが、金星の大気のなかの二酸化炭素と水蒸気[*10]とは、赤外線に対しては完全に不透明である。そのため、太陽の熱は、完全に捕らえられ、金星表面の温度は上がる。温度がある高さまで上がると、赤外線のほんの一部が濃密な大気からどうにかして逃げ出すようになり、その量が、大気の下層や金星表面が吸収する太陽光線の量とつりあうようになる。

地球のとなりの世界は、ものすごく不快なところであることが、いまや明らかとなった。しかし、私たちは、これからも、金星を調べにゆくことだろう。金星は、それなりに魅力的な世界である。ギリシャや北欧の神話では、英雄たちは地獄を訪れようと努力して、称賛された。

私たちの地球は、金星に比べれば天国だ。地獄のような金星と比べてみることによって、私たちは地球のことをもっとよく知ることができるだろう。

地球を変える人間

上半身は人間、下半身はライオンというスフィンクス像は、五五〇〇年以上前に建設された。その顔は、かつては、くっきりとしていたはずである。ところが、何千年にもわたって、エジプトの砂漠の砂粒や、ときたま降る雨にたたかれて、その顔は、いまでは、はっきりせず、ぼやけてしまっている。ニューヨークには「クレオパトラの針」と呼ばれるオベリスクがある。それは、エジプトから運んできたものである。ニューヨークのセントラル・パークに建てられてから、まだわずか一〇〇年しかたっていないが、それに刻まれていた碑文は、ほとんどすべて消えてしまっている。金星大気のなかの化学的浸食と同じように、スモッグや工場の排ガスが、その文字を消してしまったのである。

地球上の浸食は、ゆっくりと情報を消してゆく。しかし、雨粒や砂粒による浸食は徐々にしか進まないので、私たちは、その変化に気がつかないことが多い。山脈のような大きな構造物は、数千万年も生き延びるだろう。小さな衝突クレーターでも、おそらく一〇万年はもつだろう。[*11]しかし、人間が造った大きな構造物は、数千年しか生き延びない。

このような、ゆっくりした一様な浸食のほかに、大なり小なり、破局的な破壊も起こる。いま、スフィンクス像には鼻がない。神を恐れぬ、けしからぬ行為だが、だれかが鉄砲で撃ったのだ。マムルーク朝の兵士の仕わざとも、ナポレオンの兵隊のやったこととともいわれている。

金星にも、地球にも、太陽系のそのほかの惑星にも、破局的な破壊の跡が残っている。それは、ゆっくりした一様な浸食によって消されつつあったり、すっかり消されてしまったりしている。

たとえば、この地球上では雨が降る。雨水は、せせらぎとなり小川となり、大きな川になり、土砂を運んで海や湖の底に堆積《たいせき》させる。火星にも古代の川の跡がある。水はたぶん地下から噴き出てきたのだろう。木星の衛星であるイオにも、幅広い川の跡と思われるものがある。それは、液化した硫黄が流れた跡だろう。地球には、強力な風や雨がある。それらは、金星大気の上層や木星にもある。砂あらしは、地球にも火星にもある。稲妻は、木星にも金星にも地球にもある。地球とイオとでは、火山が岩石のかけらを大気中に噴き上げている。

内部の地質学的な変化が、地球だけでなく、金星や火星や、木星の衛星であるガニメデやエウロパの表面をゆっくりと変形させている。流れの遅いことで有名な氷河は、地球と、たぶん火星との景色を大きく変えている。このような変化は、いつも一定であるとは限らない。ヨーロッパの大部分は、かつて氷におおわれていた。数百万年前には、いまのシカゴのあたりは、厚さ三キロほどの氷に埋もれていた。火星や、太陽系のそのほかの惑星や衛星のうえには、今日ではけっしてできないような地形がある。それらは、いまから何億年も何十億年も前、惑星の気候が、いまとはまるで違っていたころに作られた地形である。

地球上には、景色や気候を変えるもう一つの要素がある。それは、知的な生物・人間である。彼らは、環境を大きく変えることができる。

金星と同じように、地球にも二酸化炭素と水蒸気による温室効果がある。もし地球に温室効果がなかったら、全世界の気温が、水の凍る摂氏零度よりも低くなってしまうだろう。温室効果のおかげで、海は凍らず、したがって生物も生きてゆける。わずかな温室効果は、よいことだ。

だが、地球にも、金星と同じように、九〇気圧ほどに相当する二酸化炭素がある。ただし、それは、石灰岩やその他の炭酸塩として地殻のなかに眠っており、大気のなかにはない。

しかし、もしも地球がもう少しだけ太陽に近づけば、気温が少し上がるだろう。すると、地表の岩石から二酸化炭素が追い出されて大気中に出る。そのため、温室効果が強まり、地表はますます熱せられる。地表が熱くなればなるほど、ますます炭酸塩から二酸化炭素が出てきて、おそらく、温室効果がとめどなく強まり、ついには暴走して、気温は非常に高くなるだろう。太陽に近い金星では、その歴史の初期にそのようなことが起こったと、私たちは考えている。金星の表面の状況は、私たちの地球でも、そのような破滅的なことが起こりうるという、一つの警告である。

私たちの今の工業文明の主なエネルギー源は、いわゆる化石燃料である。私たちは木や石油や石炭や天然ガスを燃やし、その過程で二酸化炭素などの排ガスを大気中に放出する。その結果、地球の大気中の二酸化炭素量は劇的に増加している。温室効果が止まらなくなる可能性に私たちは注意しなければならない。地球の温度が一、二度だけ上昇しても、壊滅的な結果になる。

私たちは、石炭、重油、ガソリンなどを燃やすとき、大気中に硫酸を放出している。地球の成層圏には、いまでもすでに、金星と同じように、硫酸の微小な水滴でできた霧がある。地球の大都市は、有毒な分子で汚染されている。私たちは、自分たちの活動が、長期的にはどのような結果をもたらすかを、まだ知らない。

しかしながら、私たちは、また、地球の気候を逆の方向にも乱し続けてきた。何十万年ものあいだ、人間は森を焼いたり、森の木を切り倒したりしてきたし、家畜に草をどんどん食べさせて草地を破壊し続けてきた。焼き畑農業や、熱帯樹林の工業的な伐採、家畜による草地の食い荒らしなどは、今日、世界中で激しく行われている。

森は草地よりも色が暗く、草地は砂漠よりも色が暗い。暗いものほど太陽光線をよく吸収することは、広く知られた事実である。

その結果、地表が吸収する太陽光線の量は減りつつある。私たちは、土地の利用法を変えることによって、地球の表面の温度を下げつつあるのだ。この冷却によって、北極と南極との氷の面積が広がるのではないだろうか。白い氷が広がれば、地球に当たる太陽光線はますますよく反射され、地球はますます冷えてゆくだろう。それは「アルベド効果」[*12]を暴走させはしないだろうか。

私たちの、美しい青い惑星・地球は、私たちの知る限り、生物の住めるただ一つの惑星である。金星は熱すぎる。火星は寒すぎる。地球だけがちょうどよく、ここは、人間にとって天国である。私たちは、つまるところ、ここで進化して人間になった。

しかし、地球の快適な気候は不安定なものである。私たちは、このかわいそうな惑星・地球を、でたらめなやりかたで、ひどく混乱させつつある。地球の環境を、金星のような地獄の惑星に変えたり、火星のような氷河時代に追い込んだりする危険はないのだろうか。答えは簡単である。それはまだ「だれにもわからない」のである。地球全体の気候の研究や、地球とほかの惑星との比較研究などは、まだきわめて初期の段階にとどまっている。そして、この分野には、うらめしいほどわずかな研究費しか支出されていない。私たちは「長期的な結果がどうなるかは、さっぱりわかっていない」という事実を忘れて、無知なままに、押したり引いたり、大気を汚したり、大地を白っぽくしたり、といったことを続けている。

数百万年前に、人間がはじめてこの地上に現れたときには、地球はすでに中年期にはいっていた。破局と激動の青年期から数えて、すでに四六億年を経過していた。

しかしながら、いま、人間は、新しい、おそらく決定的な変動の要因となっている。私たちの知能と私たちの技術とは、気候さえも変える力を私たちに与えてくれた。この力を、私たちはどのように使うのだろうか。人類全体に影響するようなことについて、私たちは、無知のまま満足していることができるのだろうか。地球の繁栄よりも短期的な利益を優先させるのだろうか。それとも、私たちは、長い時間の尺度で子供や孫のことを心配し、この惑星・地球の複雑な生命維持システムのことを理解しようと努め、それを守ろうとするのだろうか。

地球は、小さな、こわれやすい惑星である。私たちは、それを大切にしなければならない。

＊1＝流れ星、隕石、宇宙塵などが、彗星と関係があることを、初めて指摘したのは、ドイツの地理学者アレキサンダー・フォン・フンボルトであった。彼は、科学知識のすべてを幅広く普及啓発しようと考えて、一八四五年から六二年にかけて『宇宙《コスモス》』と題する本を出版したが、そのなかで、彼は彗星と隕石などの関係を述べた。進化論のチャールズ・ダーウィンは、若いころにフンボルトの初期の著作を読んで刺激を受け、地理学的な探検と博物学とを結びつけた仕事に乗り出すことにした。そのすぐあとに、ダーウィンは、海洋調査船ビーグル号に乗る博物学者となり、この航海が『種の起原』のきっかけとなった。

＊2＝地球は太陽から一天文単位（約一億五〇〇〇万キロ）離れている。その軌道の長さは「2πr」の公式で計算して、一〇の九乗キロになる。地球はそれを一年に一回めぐっている。一年は、三掛ける一

〇の七乗秒である。この秒数で軌道の長さを割れば、地球の速さが秒速約三〇キロであることがわかる。ところで、彗星の球状の雲は、太陽から一〇万天文単位ほど離れている、と多くの天文学者たちが考えている。これは、地球にもっとも近い恒星までの距離のほぼ二分の一である。前に述べたケプラーの第三法則によって、この彗星の球状の雲の周期は一〇万（一〇の五乗）を三乗して平方根をとった数になる。それは、ほぼ三〇〇〇万年である。つまり、太陽系のはるかな端のところでは、軌道を一周するのに、ずいぶん長い時間がかかるのである。地球の場合と同じように「2πr」の公式を使って軌道の長さを出し、それを周期で割ると、秒速約〇・一キロ、時速約三六〇キロとなる。

＊3＝火星では、月に比べて浸食が激しい。そのため、クレーターは数多くあるが、予想の通り、光条を持つクレーターは、事実上ひとつもない。

＊4＝私の知るかぎり、歴史上の出来事を、神秘的な方法でなく、彗星によって説明しようと試みた最初の人物は、イギリスの天文学者エドモンド・ハレーである。彼は「ノアの洪水は、彗星の思いがけない衝撃によって引き起こされた」と主張した。

＊5＝この銘文は、紀元前二五〇〇年ごろに作られたアッダの円筒印形に刻まれており、バビロニアの女神イシュタールの露払いをつとめる明けの明星・金星の女神イナンナのことが、はっきりと書いてある。

＊6＝それは、すでに知られている彗星のなかでいちばん大きいものの、約二〇〇〇万倍の大きさである。

＊7＝光は波動である。周波数というのは、単位時間（たとえば一秒間）に、網膜のような検出器に入ってくる波の山の総数である。周波数が高いほど、光のエネルギーは大きい。

＊8＝アメリカのパイオニア・ビーナスは、一九七八年から七九年にかけて金星に飛び、観測に成功した。それは、金星のまわりをめぐる一隻の軌道船と、四つの大気突入探査機とで構成されていた。大気突入探査機のうち二機は、短時間だが、金星表面のきびしい条件に耐えた。この探査機の開発に当たっては、予期せぬ困難がいくつもあった。たとえば、大気突入探査機に積む計器の一つに全放射測定器があった。これは、金星の大気中のさまざまな高度で、上からくる赤外線と下からくる赤外線のエネルギーを同時に測定する計器だが、この計器には、赤外線を通す丈夫な窓が必要だった。その材料としてダイヤモンドが選ばれた。科学者たちは、一三・五カラットのダイヤモンドを輸入し、削って窓にはめ込んだ。この計器の製作を担当したメーカーは、一万二〇〇〇ドルの輸入税を払うように要求された。だが、アメリカの税関は、探査機が金星に向けて打ち上げられたのち「地上での取引には供せられない」との理由で輸入税の全額をメーカーに払い戻した。

＊9＝このような状況のなかに生物がいるとは、とても考えられない。私たちとひどく違った生物も、たぶんいないだろう。有機物や、そのほか生物的な分子として考えることのできるものも、すべて簡単に分解してしまうだろう。しかし、いま、おもしろ半分に、このような惑星にも、かつて知的な生物がいたと想像してみよう。彼らは科学を考え出しただろうか。地球上の科学の発展は、もともと、恒星や惑星の規則性を観測することによって促進された。しかし、金星は雲にすっぽりと包まれている。夜は、とても長い。地球の五九日に相当するほどである。しかし、金星の表面に立って見上げても、

天体はなに一つ見えない。昼になっても太陽さえ見えない。太陽の光は、大気の分子で散乱されて全天に散らばってしまうのだ。それは、海に潜った人が上を見ても、一様に広がった光を見るだけで、太陽を見ることができないのと同じである。もし、金星に電波望遠鏡が建設されれば、金星人たちは、太陽や地球や、そのほか、はるかかなたの天体を見つけることができるだろう。もし、天体物理学が進歩すれば、物理学の法則に従って、ついには恒星の存在を推測することができるだろう。しかし、それらは、単なる理論にとどまらざるを得ないだろう。もし、金星の知的な生物が、ある日、飛ぶことを覚え、濃い大気のなかを飛び回り、やがて高さ四五キロから上の神秘的な雲のベールのなかに入り、ついに、その雲の上に出たとしたら、彼らは、太陽、惑星、恒星の散らばる栄光の宇宙を初めて見ることになるだろう。そのとき、彼らは、どのような反応を示すだろうか。そんなことを、私はときどき考える。

＊10＝現在のところ、金星の大気に含まれた水蒸気の量については、あいまいなところがある。パイオニア・ビーナスの大気突入探査機に積まれたガスクロマトグラフの測定では、大気下層部の水蒸気の含有率は数十分の一パーセントであった。一方、ソビエトのベネラ11号と12号の着陸船に積まれた赤外線測定器によると、それは、およそ一〇〇分の一パーセントであった。もし、パイオニア・ビーナスの数十分の一パーセントという数字を使えば、金星大気の二酸化炭素と水蒸気とは、それだけで、金星表面から放出される熱のほとんどすべてを閉じ込め、金星の表面を摂氏四八〇度に保つことができる。私は、ソビエトの約一〇〇分の一パーセントという数字のほうが、アメリカの数字よりも信頼できると思うが、この一〇〇分の一パーセントという数字を使うと、二酸化炭素と水蒸気だけでは、金星表面の温度は摂氏三八〇度ほどにしかならない。この場合は、大気の温室の赤外線の窓をもっとし

っかりしめるために、ほかの物質が大気中になければならない。しかし、そのためには、二酸化硫黄、一酸化炭素、塩化水素が少量あればよい。それらは、すべて金星大気中にあることがわかっている。したがって、アメリカとソビエトの最近の金星探査の結果は、金星表面の高温が温室効果によるものであることを証明したといえるだろう。

＊11＝もっと正確にいうと、直径一〇キロの衝突クレーターが地球上にできるのは、およそ五〇万年に一回である。ヨーロッパや北アメリカのように、地質学的に安定な地域にあれば、そのクレーターは浸食に耐えて約三億年は生き延びるだろう。それより小さなクレーターは、もっとしばしばできて、もっと早く消えてなくなるだろう。特に、地質学的に活動的な地域では、早く消失する。

＊12＝アルベドとは、惑星に当たった太陽光線のうち何パーセントが反射されるかを示す数字である。地球のアルベドは三〇パーセントから三五パーセントで、残りの六五パーセントから七〇パーセントの太陽光線は大地に吸収され、地表の平均気温を維持するのに役立っている。

5

赤い星の神秘

神々の果樹園で、彼は運河を見つめていた

――シュメールの『エヌマ・エリシュ』（紀元前二五〇〇年ごろ）

コペルニクスの説のように、私たちの地球は一つの惑星であり、ほかの惑星と同様に太陽のまわりをめぐり、太陽に照らされている、と信じている人は、ときどき空想にふけらざるを得ない。……地球以外の惑星たちも、衣服や家具があり、そこには、この私たちの地球と同じように、人が住んでいるだろうと。……しかし、自然はそこで何を楽しんでいるのかと研究してみたところで、何の役にも立たないと、私たちは結論しがちである。研究には最後というものが来ないように思われる。……しかし、少し前に、私はこの問題をいくらか真剣に考えてみた（私は、昔の偉人たちよりも目はしがきくとは思っていないが、昔の偉人たちよりもあとで生まれたことをしあわせだと思っている)。研究は、けっして役に立たないものでもなく、困難にぶつかってやめなければならないものでもない。いろいろと考えをめぐらす余地は十分に残っていると私は思う

――クリスティアーン・ホイヘンス『惑星世界とその住人ならびに産物に関する新しい考察』(一六九〇年ごろ)

火星に生物はいるか

こんな話がある。何年も昔のことだが、有名な新聞発行者が、著名な天文学者に電報を打った。「火星に生物がいるかどうかについて、五〇〇語の記事を、着信人払い至急報で送られたし」その天文学者は、その指示に忠実に従った。「だれにもわからない (NOBODY KNOWS)」という二語の言葉を、「だれにもわからない、だれにもわからない、だれにも……」と二五〇回くり返して五〇〇語にしたのだった。

専門家が、これだけしつこく「わからない」と認めているのに、それに注意を払った人はひとりもいなかった。そのときから今日まで「火星には生物がいることがわかった」と考える人や「火星には生物がいないことが明らかになった」と信じる人たちが、権威に満ちた発表をくり返してきた。私たちは、それを聞き続けてきた。

ある人たちは、火星に生物がいることを非常に強く望み、ほかの人たちは、火星には生物がいないことを心から願った。そして、どちらの陣営にも行きすぎがあった。科学の研究を進めるときには、あいまいなものは、あくまで、あいまいなものと考える態度がぜひ必要だが、強い情熱にかりたてられた人たちは、そのような態度を多少とも失っていた。

いつの世にも、なにか問題があれば、その答えを聞きたがる人が大勢いるものだ。答えは、どちらでもよいのだ。自分たちの頭のなかに、たがいに矛盾する二つの可能性が同時に存在するのは重荷だから、答えを聞いて肩の荷をおろしたいのだろう。

何人かの科学者たちは「火星には生物がいる」と主張したが、彼らがあげた証拠は、あとになってみれば、浅薄きわまりないものだった。ほかの科学者たちは、生命の証拠となるものが火星にあるかどうか予備的に探してみたが、見つからなかったり、はっきりしなかったりした。そのため「火星には生物はいない」という結論を下した。赤い星のために、科学者たちは、一度ならず哀しみの歌を歌ってきたのである。

しかし、なぜ火星人なのか。人びとは、なぜ土星人や冥王星人などについては何も語らず、火星人についてだけ、いろいろと熱心に考えたり、まじめに空想したりするのだろうか。なぜなら、火星は、ひと目見たところ、地球によく似ているからだと思われる。それは、表面を見ることのできるもっとも近い惑星である。火星の北極と南極は氷の極冠に覆われ、大気中には白い雲がたなびき、激しい砂あらしがあり、赤い表面の模様は季節によって変化する。そして、火星の一日は、ほぼ二四時間である。そこが、生物の住む世界であると考えるのは、非常に魅力のあることだ。そんなわけで、火星は神話的な惑星となり、私たちは、地球上の希望と恐怖とを、そこに投げかけたのである。

しかし、私たちが心理的に賛否どちらであるかによって、私たちを誤らせてはならない。大切なのは証拠である。そして、証拠はまだ得られていない。

ほんとうの火星は、驚くべき世界である。その未来は、私たちがかつて考えていたより、はるかに興味深いものである。私たちの時代に、私たちは火星の砂地を掘ったのだ。人間は火星に探査機を送って足跡を残し、一世紀におよんだ夢を実現した。

人間よりもすぐれた知能を持ち、人間のように死ぬ存在が、この地球を熱心にこまかく観察しているなどとは、一九世紀の末には、だれも考えなかっただろう。水滴のなかに微小な生物が群がり繁殖しているのを、人間が顕微鏡で見ているように、いろいろなことで忙しく動き回っている人間も、おそらく精密に観察され研究されていることだろう。人間は、つまらぬ問題で世界中をあちこち動き回って無限の満足を感じたり、自分たちが物質世界を支配しているのを見て安心したりしている。顕微鏡の下の原生動物も、おそらく同じようなことをしているのだろう。

宇宙という古い世界が人間にとって危険なものであるとは、だれも考えなかった。それどころか、ほかの惑星に生物がいる、などという考えは、不可能であるか、ありそうもないこととして捨ててかえりみられなかった。昔の人たちのそんな思考の習慣を思い出すと、それは奇妙なことに思われる。

せいぜい地球の人間は、「火星のうえにはほかの人間がいるだろう」と想像した。彼らは私たちより劣っていて、地球からの使節団を大いに歓迎してくれるだろう、と地球の人間たちは考えていた。

しかし、宇宙の入り江を越えたところには、人間が滅び去ったけものよりはるかにすぐれているように、人間よりはるかに幅広の、冷静で無情な知的存在がいて、この地球をうらやましそうな目でながめ、私たちを攻撃しようと、ゆっくり、しかし着実に計画を練っていた。

これは、H・G・ウェルズが一八九七年に書いた古典的な空想科学小説『宇宙戦争』のはじめの部分だが、これは今日でも人びとを引きつける力を持っている。[*1]

私たちは、歴史上のどのような時代にも「地球以外のところにも生物がいるのではなかろうか」という恐れや希望をいだいてきた。そして、最近一〇〇年くらいのあいだは、そのような予感は、夜空に輝く赤い光の点・火星にもっぱら向けられてきた。

火星に恋した男

『宇宙戦争』が出版される三年前に、アメリカのボストンに住んでいたパーシバル・ローウェルという人が大きな天文台を建設した。「火星には生物がいる」という説を支えるもっとも精密な理論は、この天文台で生み出された。

ローウェルは、若いころから趣味として天文学をかじっていた。ハーバード大学で学び、外交官に準ずる職務で朝鮮へ行ったほかは、普通のもうけ仕事をやっていた。

しかし、一九一六年に亡くなるまでに、彼は、惑星の性質や進化について、私たちの知識をふやすことに大きく貢献したし、宇宙膨張論の発展にも力を貸した。そして、冥王星の発見を促すという決定的な業績をあげた。冥王星は、英語では「Pluto」というが、これは彼の名前にちなんで命名されたものである。「Pluto」の最初の二文字は、パーシバル・ローウェル（Percival Lowell）のイニシアルと同じである。そして、冥王星の記号は、PとLとの組み合わせ文字（♇）である。

しかし、ローウェルが一生のあいだ愛し続けたのは火星であった。一八七七年、イタリアの天文学者ジョバンニ・スキャパレリが火星の模様について発表したとき、ローウェルは、電気ショックを受けたかのようにびっくりした。

スキャパレリは、火星が地球に近づいたときに火星の明るいところを観測し、一本または二本の線が、たがいに交差しあって複雑な網目模様を作っていることを報告した。彼は、その模様を「カナリ（canali）」と呼んだ。それは、イタリア語で、谷やみぞを意味していた。ところが、いそいで英語に翻訳されたとき「カナル（canal）」と訳されてしまった。英語の「カナル」は、人間が造った運河を意味している。

火星熱はヨーロッパとアメリカに広がり、ローウェルも、そのとりこになっていた。

一八九二年になると、スキャパレリは視力の衰えを感じ、火星の観測をあきらめた。ローウェルは、観測を続けようと決心した。そして、第一級の観測地点を探した。雲や都会の灯に妨げられることなく、しかも、よく「見える」場所でなければならなかった。天文学者の言葉でいえば「大気の安定したところ」ということだ。望遠鏡で天体を見たとき、像がゆらゆら動かないところがよい。望遠鏡の上のほうの大気に小さな乱れがあると、天体がよく見えなくなる。星がまたたいて見えるのは、そのような大気の乱れのせいである。

ローウェルは、自分の天文台を、自宅から遠く離れたところに建てた。そこは、アリゾナ州フラッグスタッフの火星が丘《マース・ヒル》であった。*2

彼は、火星の表面、とくに運河をスケッチした。そして催眠術にかかったようになってしまった。このような観測は、容易なものではない。夜明け前の寒気のなかで何時間も天体望遠鏡をのぞいていなければならないからだ。大気の状況はしばしば悪く、火星の像はぼやけたり、ゆがんだりした。そういうときは、せっかく見たものも捨てなければならない。だが、ときたま像が安定し、火星の特徴が瞬間的に、すばらしくはっきりと見えることがある。そんなときには、せっかく見せてもらった火星の姿をよく覚えておいて、正確に紙に描く。先入観を捨て、心を開いて火星の驚異を図にするのである。

パーシバル・ローウェルのノートは、彼が見たと思ったもので満たされている。明るい地域や暗い地域、極冠と思われるもの、そして運河。火星は運河で飾られていた。

ローウェルは「かんがい用水のための水路が、火星全体に網の目のようにはりめぐらされていて、極冠の雪どけ水を、赤道に近い都市に住む、のどのかわいた住人たちのところに運んでいる」と信じていた。

彼は、また「火星に住んでいるのは、私たちよりも古くて、もっと賢い種族で、私たちとは、たぶん相当に違っている」と信じていた。火星の暗い地域が季節によって変わるのは、植物が生長したり枯れたりするからだろう、と彼は信じた。そして、彼は「火星は地球に非常によく似ている」と信じていた。つまるところ、彼は多くのことを信じ過ぎたのである。

火星は、古い、不毛な、ひからびた、砂漠の世界である、とローウェルは想像した。それも、地球の砂漠に似ている、と彼は考えた。ローウェルの火星は、ローウェル天文台のあったアメリカ南西部の砂漠と、いろいろな点でよく似ていた。

火星はいくらか寒いけれども、「イギリス南部」くらいの快適さだろう、と彼は想像した。空気は薄いけれども、呼吸できるくらいの酸素はある。水はわずかしかないが、すばらしい運河が、この命の水を火星の全土に運んでいる。

運河をめぐる論争

振り返ってみると、ローウェルと同じ時代の人で、ローウェルの考えに、もっともまじめに反論したのは、思いがけない人物だった。それは、自然選択による進化の学説をダーウィンといっしょに提唱したアルフレッド・ラッセル・ウォレスで、一九〇七年のことだった。ローウェルの本の書評を頼まれたのが、きっかけだった。

彼は、若いころは技術者であった。「超能力」などを軽々しく信じるようなところもあったが、しかし、火星に知的な生物がいるという説に対しては、疑いを持っていた。その点では、彼は見上げたものだった。

ウォレスは、火星の平均気温に関するローウェルの計算には誤りがあることを指摘した。火星の平均気温は、イギリス南部と同じではなく、二、三の例外をのぞいて、どこもかしこも摂氏零度以下である、とウォレスは主張した。火星には、永久凍土があり、地下も永久に凍っているはずである。空気も、ローウェルが計算したよりも、はるかに薄い。クレーターも、月面と同じくらいたくさんあるだろう。

そして、運河の水については……。

余分な水はわずかしかないというのに、それを運河にあふれさせて流せば、ローウェル氏のいう通りなら、運河の水は、恐ろしい砂漠のなかの、雲のない空のもとを、赤道より向こうの半球まで流れて行かなければならない。そんなことを試みるのは、知的な生物というよりは向こう見ずの集団であろう。運河の水は、水源から一〇〇マイル（約一六〇キロ）も行かないうちに、最後の一滴まで蒸発したり、土にしみ込んだりしてしまうだろう。そう主張しても、まちがうことはないだろう。

この衝撃的な、だが大部分は正しい物理的な分析は、ウォレスが八四歳のときに書いたものである。彼の結論は「火星の生命、つまり水理学に関心を持つような土木技術者などはいない」ということだった。ただし、彼は火星の微生物については、何の意見も述べなかった。

ウォレスの批判にもかかわらず、そしてまた「ローウェルと同じくらい立派な天体望遠鏡と観測地点を持っていたほかの天文学者たちが、おとぎ話のような運河の証拠を発見できずにいる」という事実にもかかわらず、ローウェルの火星観は、一般の人たちに広く受け入れられた。それは、昔の天地創造の物語と同じように、神話的な性格を持っていた。

それが、人びとの心をつかんだ理由の一つは、一九世紀が驚異的な土木技術の時代だった、ということである。その技術のなかには、巨大な運河の建設も含まれていた。スエズ運河は一八六九年に完成し、ギリシャのコリント運河は一八九三年、パナマ運河は一九一四年に完成した。ローウェルの近くでは、ニューヨーク州北部の五大湖に水門が築かれ、はしけの通う運河ができたし、アメリカの南西部には、農業用水のための運河が建設された。ヨーロッパやアメリカの人たちが、このような偉大なことを成しとげられるのなら、どうして火星人にできないことがあるだろうか。火星の古い賢い人たちは、赤い星で進行中の乾燥化と勇敢に戦い、もっとすぐれた技術を駆使しているのではなかろうか。

まぼろしだった運河

私たちは、すでに、火星のまわりの軌道に偵察衛星を送り込んだ。それによって、火星の全表面の地図を作りあげた。私たちは、また、二つの自動研究装置を火星の表面に着陸させた。ローウェルのとき以来、火星のなぞはますます深まってきている。けれど、ローウェルがかいま見ることのできた火星の像よりも、はるかに細かな点までわかる写真を見ても、それには、広く宣伝された運河網の支流の一つも、水門の一つさえもうつっていなかった。

ローウェルもスキャパレリも、そのほかの人たちも、困難な条件のもとで望遠鏡による眼視観測を行い、結局、間違った判断をしてしまった。それは、部分的には、おそらく火星にも生物がいるという先入観のせいだったろう。

パーシバル・ローウェルの観察ノートは、望遠鏡を使っての、何年にもわたるたゆみない観測を跡づけている。そのノートを見ると、運河の実在について、ほかの天文学者たちが疑いを持っていることを、ローウェルもちゃんと知っていたことがわかる。しかし、彼は「自分は重大な発見をした」と信じていたし、ほかの天文学者たちがその発見の重要さを理解してくれないことを残念に思っていた。たとえば、一九〇五年のノートの一月二一日のところには「二重の運河が閃光《せんこう》に照らされて見えた。運河が実在することを確信した」と書いてある。

ローウェルのノートを読んでいると「彼はたしかに何かを見ていたのだ」という、はっきりした、しかし、なんとなく落ち着かない気持ちになる。彼は、いったい何を見ていたのだろうか。

　私は、コーネル大学のポール・フォックスといっしょに、ローウェルの描いた火星地図と、アメリカの無人探査機マリナー9号が、火星のまわりの軌道からとった火星の写真とを比べてみたことがある。マリナー9号の写真は、ローウェルが地上の二四インチ（約六〇センチ）屈折式天体望遠鏡で見た火星の像に比べると、解像度において一〇〇〇倍ぐらい優れているのだが、ローウェルの火星地図で運河があるとされたところには、それと思われるような地形はまったくなかった。

　火星の表面に離ればなれに存在している細かな特徴を、ローウェルの目が結びつけて、まぼろしの直線を作り上げた、というわけでもなかった。彼が「ここに運河がある」と考えた場所の多くを調べてみても、そこに、黒いまだらやクレーターが鎖のようにつながってはいなかった。そこには、まったく何の特徴もなかった。

　では、いったい、ローウェルは、くる年もくる年も、どうやって同じ運河の線を描くことができたのだろうか。ほかの天文学者のなかには「自分の観測が終わるまでは、ローウェルの地図は、くわしくは見なかった」と言っていた人もいるが、では、なぜ彼らもローウェルと同じような運河の線を引くことができたのだろうか。

　マリナー9号は、いくつもの大きな発見をしたけれども、そのなかの一つは「火星の表面には、時間とともに変化するしま模様や斑点がある」ということだった。それらの多くは、衝突クレーターの周壁と関係があり、季節によって変化した。

　それらは、風によって運ばれるホコリのせいである。季節風によって、ホコリの積もり方が変わるのだ。しかし、そのようなしま模様や筋は、運河のような性質を持ってはいないし、運河があるといわれていた場所に存在するわけでもない。また、それらの一つ一つは、地球上から見えるほど大きくはない。

　ローウェルの運河にいくらか似た地形が、今世紀のはじめの数十年間は、火星の表面に実際にあったのだが、無人探査機がクローズ・アップ写真をうつせるようになったら、とたんに跡かたもなく消えてなくなったのだろうか。そんなことが起こるとは、とても思えない。

　火星の運河は、困難な観測条件のもとで起こった、人間の手と目と頭脳が結びついた末の誤りであったと思われる。ただし、それは、少なくとも何人かの天文学者だけの誤りであった。ローウェルの時代やその後の時代に、ローウェルのものと同じ程度の望遠鏡で観測して「運河などは存在しない」と主張した天文学者もいた。

　しかし、人為的ミスといってみても、それはけっして納得できる説明ではない。火星の運河に関しては、何か重大な点が、まだ見落とされているのではないかと、私は、いまもしつこく疑っている。

ローウェルは「運河が規則正しいことは、火星に知的な生物がいる確実な証拠である」と、いつも言っていた。規則正しい運河があるなら、確かにその通りである。

ただ一つの未解決な問題は、天体望遠鏡のどちら側に知的な生物がいたか、ということである。

火星に飛ぶ夢

ローウェルの火星人たちは、人がよく、希望にあふれていた。それは、神に少しばかり似てさえいた。H・G・ウェルズやオーソン・ウェルズが『宇宙戦争』に登場させた、悪意と敵意を持った火星人とは、まったく違っていた。

この二つの考え方は、新聞の日曜版や空想科学小説を通じて、一般の人たちにも広められ、多くの人の空想力を刺激した。

私は、子供のころに、エドガー・ライス・バローズの火星小説を息もつかずに読みふけった。私は、そのことを、いまでもはっきりと覚えている。私は、バージニア州出身の探検家ジョン・カーターといっしょに「バルスーム」へ旅をした。火星の住人たちは、自分たちの惑星のことを「バルスーム」と呼んでいたのである。

私は、八本足の荷役用動物ソートの群れのあとについて歩き、ヘリウム王国のかわいらしい王女デジャー・ソリスと握手をしたし、タルス・タルカスという、身長四メートルの緑色の兵士とも仲よくなった。私は、とがった屋根のあるバルスームの都市や、ドーム形のポンプ小屋のあたりやら、緑の草木でおおわれたニロシルチス運河やネペンテース運河の土手などを歩き回った。

しかし、空想ではなく、現実に、ジョン・カーターといっしょに、火星のヘリウム王国を訪ねることができるだろうか。私たちは、ある夏の日の夕方、高度に科学的な冒険の旅に出ることができるだろうか。私たちの道は、バルスームのまわりをめぐる二つの衛星によって明るく照らされているというのだが……。

火星についてのローウェルの結論が、おとぎ話のような運河の話も含めて、すべて破綻してしまったとしても、火星についての彼の描写には、少なくとも一つだけは有益な点があった。それは、私を含めて八歳の子供たちにも、惑星の探検が現実に可能であると考えさせ、子供たちが、いつの日か自分たちも遠い火星へ旅することができるだろうと考えたことである。

ジョン・カーターは、広い野原に立って手を広げ、神に祈ることによって火星に行くことができた。私は、子供のころ、なにもない野原のなかで、固く決心して両手を広げ、私が火星と信じていた星に向かって「私をそこへ連れていって下さい」と、何時間も強く願ったものである。そのことを、私はいまも思い出す。しかし、そんな方法ではだめだった。ほかのやり方が何かなければならなかった。

生物と同じように、機械もまた進化する。ロケットは、推進剤として初めて使われた火薬と同じように、中国で発明され、儀式や鑑賞のために使われた。それがヨーロッパに輸入されたのは、一四世紀ごろで、まず戦争に使われた。

一九世紀の末になって、ソビエトの学校教師コンスタンチン・ツィオルコフスキーは、それを、惑星への旅行の道具として使うことを考えた。そして、アメリカの科学者ロバート・ゴダードが、高空への飛行のためのロケットを、初めて真剣に開発した。

第二次世界大戦のさい、ドイツが開発した軍用ロケットV2号は、事実上、ゴダードの発明をすべて利用して造られた。そして、その技術は、一九四八年に二段式ロケットのV2・WACコーポラルが打ち上げられたとき、頂点に達した。このロケットは、高度四〇〇キロという、かつてない高さまで飛んだ。

一九五〇年代にはいると、ソビエトではセルゲイ・コロリョフの率いるチームが、アメリカではウェルナー・フォン・ブラウンを中心とするチームが、大量破壊兵器の運搬用ロケットを開発するための資金を得て、ロケット技術を前進させた。それが、宇宙船の打ち上げにつながった。

技術は、その後も急速に進歩し続けた。人間が地球のまわりの軌道を飛び、月面に着陸し、無人探査機は、太陽系の外域まで飛んでゆくようになった。イギリス、フランス、カナダ、日本をはじめ、ロケットを最初に発明した中国なども、人工衛星を打ち上げた。

ゴダードは若いころにウェルズの本を読み、パーシバル・ローウェルの講義を聴いて刺激されたというが、そのゴダードやツィオルコフスキーが空想して喜んだように、宇宙ロケットの初期の利用法のなかには、高い軌道から地球を観測する宇宙ステーションの打ち上げと、火星の生物を探す探査機の打ち上げとがあった。この二つの夢は、すでに実現されている。

火星でも生きる微生物

いま、まったく性質の違うほかの惑星から知的な生物が飛んできて、何の先入観もなく地球に近づきつつあると考えよう。地球に近づけば近づくほど、地球のようすはよくわかるようになり、こまかな点まで、ますますはっきりと見えてくる。この惑星には生物がいるのだろうか。どこまで近づけば、いるかいないかが、わかるだろうか。

もし、そこに知的な生物がいるならば、たぶん土木工事などをして、数キロの尺度で見分けられる工学的な構造物を造っているだろう。もし、宇宙船が地球に近づき、宇宙船の望遠鏡がキロ単位のものを見分けることができるなら、宇宙船の乗組員たちは、そのような構造物を見つけることができるだろう。

しかしながら、この程度の識別力（解像力）では、地球はまったく不毛の世界のように思われるだろう。ワシントン、ニューヨーク、ボストン、モスクワ、ロンドン、パリ、ベルリン、東京、北京などの大都市でさえ、知的であろうとなかろうと、とにかく、生物のいそうな気配はまったく感じられない。かりに、地球に知的な生物がいたとしても、その生物は、キロ単位の解像力で識別できる規則的な幾何学模様がいくつもできるようには、自然を改造してはいない。

だが、私たちの識別力が一〇倍に高まると、直径一〇〇メートルほどの小さなものの細かな点も見えるようになる。そうなれば、状況は変わってくる。地球の多くの場所が、突然、はっきりと見えるようになり、正方形や長方形、直線や円などの複雑な図形が現れてくる。これは、確かに、知的な生物の工学的な建造物である。ふつうの道路や高速道路、運河、農場、市街地……などは、人間がユークリッドの幾何学を愛し、領土欲を持っているという二つの情熱のために生じたものである。この段階になると、ボストン、ワシントン、ニューヨークなどに、知的な生物がいることがわかるだろう。

そして、一〇メートルのものが識別できるようになれば、自然が改造されていることが、はじめてはっきりとわかるだろう。人間もいつも忙しく働いてきたのである。

このような写真は、昼間にうつされる。しかし、夕方や夜には、また、別なものが見える。リビアやペルシャ湾の油田の火や、日本のイカ釣り船の集魚灯や、大都市の明かりが見えるのだ。

そして、昼間、直径一メートルほどのものが見えるほどに解像力が上がってくると、私たちは、はじめて、クジラやウシやフラミンゴや人間などの個々の生物を見ることができるようになる。

地球上に知的な生物がいることは、まず、規則的で幾何学的な建造物によって明らかとなる。もし、ローウェルが言ったように、火星に運河の網がほんとうにあるのなら、そこにも知的な生物がいると考えざるを得ないだろう。

もし、火星の表面を大規模に改造した生物がいるならば、そこに技術文明があり、運河を建設する技術者がいるだろう。それは、火星をめぐる衛星軌道上の探査機がとった写真を見ればわかるだろう。

しかし、無人探査機がうつした火星表面の数多くの精密な写真を調べてみても、なぞめいた地形が一つ二つあるだけで、運河のようなものは何ひとつ見つからない。

だが、生物には、大きな植物や動物から微生物までいろいろな種類があるし、かつては生物がいたが、すでに絶滅してしまった場合や、昔からずっと生物はいない、という場合など、いろいろな可能性がある。

火星は、地球よりも太陽から遠いから、気温は地球よりも相当に低い。空気は薄く、大部分は二酸化炭素である。ほかに、窒素やアルゴンの分子が少しと、水蒸気、酸素、オゾンが微量に含まれている。

現在では、池や湖などはあり得ない。なぜなら、火星の大気圧は非常に低く、冷たい水でも急速に沸騰してしまうからである。土のなかの微細な穴やすき間には、わずかな量の水があるかもしれない。

酸素の量は非常に少なく、人間の呼吸の役には立たない。地球の場合、太陽の強烈な紫外線は大気上層のオゾンによって吸収され、地上には一部分しか届かないが、火星の場合は、オゾンの量がきわめて少ないので、太陽からの殺菌力のある紫外線が、もろに火星表面に当たっている。

こんな環境のなかで生き延びられる生物が、はたしているだろうか。

この問題を調べるため、もう何年も前に、私は同僚たちといっしょに、当時知られていた火星の環境を再現しようと、一つの装置を作った。そして、そのなかに地球の微生物を入れ、生き延びるものがいるかどうかを、じっくり観察した。この「火星のびん」のなかの温度は、火星と同じように、正午ごろには摂氏零度よりも少し高くし、夜明け前には零下八〇度になるように調節し、この変化をくり返した。なかの空気は、主として二酸化炭素と窒素とした。きびしい太陽光線を再現するのには紫外線ランプを使った。水は、砂粒の一つ一つをほんの少し湿らせる程度しか入れなかった。

二、三の微生物は、最初の夜が来たら凍えて死に、二度と声をあげなかった。別な微生物たちは、酸素がないため、あえぎながら息絶えた。また、あるものは渇きによって死に、あるものは紫外線に焼かれて死んだ。

しかし、いつも、かなりの種類の地上の微生物が、このようなきびしい環境のなかでも生き延びた。彼らは酸素を必要としなかった。気温がひどく下がるときには、一時的に店じまいをした。そして、小石の下や砂のなかに隠れて紫外線を避けた。

別な実験のさいには、「火星のびん」のなかに水を少し入れた。すると、微生物たちは繁殖した。

地球上の微生物でさえ火星の環境に耐えて生き延びられるのだから、もし火星に微生物がいるならば、彼らはもっとうまくやっているに違いない。

だが、それを確かめるには、まず火星へ行ってみなければならない。

失敗したソビエトの探査機

ソビエトは、惑星の無人探査計画を活発に続けている。火星と金星とは、一年か二年おきに都合のよい位置にくる。そのときには、ケプラーとニュートンの物理学に従って、最少のエネルギー消費で探査機を火星に向けて打ち上げることができる。

ソビエトは、一九六〇年代のはじめから、そのようなチャンスを、ほとんど見逃していない。ソビエトは、そのしつこさと技術的な腕前とによって、その努力に見合う成果を上げてきた。たとえば、ベネラ8号から12号までの五機の無人探査機は、金星の表面に着陸し、観測データを送ってくることに成功した。あれほど熱く、濃密で腐食性のある惑星大気のなかをかいくぐっての成果なのだから、これは、まことにすばらしい。

しかしながら、ソビエトは、何度も試みたにもかかわらず、火星への着陸には、まだ成功していない。火星は、ちょっと見た限り、金星よりもはるかに快適である。温度は低く、大気は金星よりもはるかに薄く、はるかに無害である。氷の極冠があり、空はピンク色に澄み、大きな砂丘、昔の川床、巨大な峡谷、わかっている限りでは太陽系で最大の火山構造物、赤道地方の穏やかな夏の午後……。火星は、金星よりもはるかに地球に似ている。

一九七一年、ソビエトのマルス3号は、火星の大気のなかに突入した。自動的に送られて来た電波信号によると、大気に突入したさい、その着陸装置はうまく働いた。耐熱材のある面が正しく下に向き、巨大なパラシュートも正しい時期に開き、降下の最終段階では逆噴進ロケットも噴射した。マルス3号から送られてきたデータを見る限り、それは、赤い惑星への着陸に成功していたはずである。

しかし、探査機は、着陸したあと、二〇秒間だけ、特徴のないテレビ画面の切れはしを地球へ送ってきただけで、どういうわけか電波が途絶えてしまった。

一九七四年のマルス6号のときにも、まったく同じことが起こり、この場合は、着陸後一秒で電波が途絶えた。なにが、まずかったのだろうか。

私は、ソビエトの郵便切手（一六コペイカ）の絵で初めてマルス3号を見た。それは、紫色のホコリのなかを降りていくマルス3号の図であった。画家は、砂ボコリと強風とを表現しようとしたのだ、と私は思う。

マルス3号は、猛烈な砂あらしが火星全体に吹き荒れているときに、火星の大気に突入した。そのことは、アメリカのマリナー9号の観測によって明らかである。その観測によれば、そのときの風速は、火星の表面に近いところで秒速一四〇メートル以上であった。それは、火星表面での音速の半分より速い風だった。

私たちも、ソビエトの仲間も、この強風が失敗の原因だったろうと考えている。パラシュートを開いたマルス3号は、強風に捕らえられ、垂直方向にはふんわりと着陸したのに、水平方向には、首の骨も折れるような、とてつもない速さで着陸したのだろう。大きなパラシュートを開いて降りてゆく探査機は、横風には、ことのほか弱いものである。

マルス3号は、着陸後、何回かバウンドし、石ころや岩などにぶつかり、ひっくり返ったのだろう。そのため、上空を飛ぶ母船（軌道船）との電波連絡が途絶えたのだと思われる。

しかし、マルス3号は、なぜ、そんな砂あらしのなかに突っ込んでいったのだろうか。それは、マルス3号の飛行計画は、打ち上げの前にきっちりと決められていたからである。飛行のすべての手順は、マルス3号が地球を離れる前に、そこに積まれたマイクロ・コンピューターのなかに納められていた。一九七一年の砂あらしが、どれほど激しいものかがわかったとしても、コンピューターのなかの計画は、変えようがなかった。

宇宙探査の専門家の言葉でいえば、マルス3号の飛行は、すべて事前にプログラムされていて適応性がなかったのだ。

マルス6号の失敗は、もっとなぞめいている。この探査機が火星の大気中に突入したときには、火星全体を覆うようなあらしは起こっていなかった。地域的なあらしが起こることはときどきあるが、マルス6号の着陸地点にそのような地域的なあらしがあったと考える理由はない。

おそらく、着陸の瞬間に、機械が故障したのだろう。あるいは、火星の表面付近には、何か特別に危険なものがあるのかもしれない。

安全な着陸のために

ソビエトは、金星への着陸には成功したが、火星への着陸には失敗した。私たちは、これを見て、当然のことながら、アメリカの探査機バイキングについて心配した。二つあるバイキング着陸船のうちの一つは、アメリカの独立二〇〇周年の記念日にあたる一九七六年七月四日に、火星の表面にふんわりと着陸させようと、非公式に計画されていた。

ソビエトの先輩探査機と同じように、バイキングの着陸方法も、耐熱材とパラシュートと逆噴進ロケットを使うものだった。火星の大気は、地球の大気のわずか一パーセントの濃さだから、バイキングの着陸船が火星の薄い大気のなかに入ったら、直径一八メートルという非常に大きなパラシュートを開いて減速する。

火星の大気はとても薄いので、もしバイキングが高い山地に着陸するとなると、そこに至るまでの薄い大気では、十分には減速されない。したがって、バイキングの着陸船は、火星の山に激突してこわれてしまうだろう。

着陸地点の一つの条件は「低地であること」であった。私たちは、マリナー9号の観測データと、地上からのレーダーによる観測とから、そのような低地を数多く知っていた。

マルス3号と同じような悲運をくり返さないために、バイキングは、風の弱い場所と時期を選んで着陸させたい、と私たちは考えた。着陸船をぶち壊すほどの風は、おそらく、火星の表面からホコリを巻き上げるだろう。したがって、着陸候補地のあたりを調べて、ホコリが動いたり、漂ったりしていなければ、少なくとも、我慢できないほどの強い風は吹いていない、というかなりたしかな保証になるだろう。

バイキングの着陸船を母船に積んで行き、まず火星のまわりの衛星軌道にのせることにしたのは、一つには、そのためである。母船が着陸地点の調査をすませるまでは、着陸船を降下させない。

火星表面の暗い模様や明るい模様が、特徴のある変化を示すのは、風が強いときである。私たちは、そのことをマリナー9号によって発見した。したがって、もしも母船がとった写真に、このような模様の変化が見られたら、バイキングの着陸地点は、たしかに安全ではない、ということになる。しかし、そのような模様の変化が見られないからといって、安全なことが一〇〇パーセント保証されるわけではない。たとえば、風があまりに強くて、ホコリのすべてが、すでに吹き払われてしまっていることもあり得る。その場合には、強い風が吹いていても、それを示すものはない。

火星のくわしい天気予報は、地球のそれに比べれば、はるかに信用できない（事実、バイキング計画の目的の一つは、火星の気象をよく調べ、それと比較して地球の気象もよりよく理解することであった）。

通信と温度の制約のため、バイキングは、火星の高緯度地帯には、着陸することができなかった。南半球でも北半球でも、緯度にして四〇度か五〇度よりも極に近いところだと、探査機と地球との通信の時間だけでなく、探査機にとって危険なほどの低温を避けられる時間も短くなってしまう。

また、私たちは、バイキングを、あまりゴツゴツした場所には着陸させたくなかった。そんな場所だと、着陸船はひっくり返ってこわれるかもしれないし、少なくとも、火星の土砂の標本をとるための機械の腕が岩の間にはさまったり、地面から一メートル以上も高いところを、むやみに動きまわったりすることになってしまうだろう。

同じように、私たちは、あまり軟らかいところにもバイキングを着陸させたくなかった。もし、着陸船の三本の脚が、軟らかい土砂のなかにズブズブとめり込んでしまったら、いろいろと不都合なことが起こるだろう。機械の腕も動かなくなってしまうかもしれない。

だが、硬すぎる場所にも着陸させたくなかった。たとえば、バイキングが、ガラスのような溶岩原に着陸したら、そこには、土砂がなく、したがって、機械の腕は、化学的、生物的な実験のためにどうしても必要な土砂の試料を採取することができないだろう。

その当時、マリナー9号が軌道上からとった写真のうち、もっともよいものには、直径が九〇メートル以上のものがうつっていた。バイキングの母船がとった写真も、これよりいくらかよい程度のものだった。

このような写真では、直径一メートルぐらいの岩石は、まったく見ることができない。したがって、バイキングの着陸船が悲劇的な結果に終わる可能性は残っていた。

同じように、微細な粉のような土砂が深く積もっていても、写真からはわからない。だが、さいわいなことに、着陸候補地がゴツゴツしているか、軟らかいか、ということを判断する方法があった。それは、レーダーであった。

非常に粗いゴツゴツした場所は、地球からのレーダー電波を、横のほうへ散乱させてしまう。したがって、反射電波があまり戻ってこない。レーダー写真で見ると、そこは黒く見える。

非常に軟らかいところも、電波の反射は悪い。なぜなら、個々の砂粒の間に、すき間がたくさんあって電波を吸収するからである。

粗いゴツゴツした場所と、軟らかい場所とを区別することはできないが、着陸地点を選ぶ場合は、その二つを区別する必要はない。私たちは、そのどちらも危険なことを知っているからだ。

レーダーによる予備的な観測の結果、火星表面の四分の一から三分の一ほどは「黒い」ことがわかった。つまり、そこは、バイキングにとって危険な場所なのだ。

しかし、火星表面のすべてが地上のレーダーで観測できるわけではない。観測可能なのは、北緯二五度から南緯二五度までの間にすぎない。そして、バイキングの母船には、火星表面の地図を作るためのレーダーは積んでいなかった。

バイキング、無事着陸

火星への着陸には、数多くの制約がある。私たちは、制約が多すぎるのではないかと心配した。

私たちの着陸地点は、高すぎても、風が強すぎても、硬すぎても、軟らかすぎても、粗すぎても、極点に近すぎてもいけない。私たちが設定した、このような安全基準をすべて同時に満たす場所が火星の上に一つでもあるとすれば、それは、すばらしいことである。

しかし、このような安全な寄港地を探すことになると、当然のことながら、着陸地点は、およそ退屈なところになってしまうだろう。それは、明らかなことだった。

母船と着陸船を一体としたそれぞれのバイキングがいったん火星のまわりの衛星軌道にはいると、着陸地点は、火星表面の一定の緯度のところに必然的に決まってしまう。その軌道のいちばん低いところが、火星の北緯二一度線の上空にあるならば、着陸船は、北緯二一度線の上に降りることになる。もちろん、その軌道の下で火星が自転するのを長く待っていれば、どんな緯度のところにも降りられるが、ふつうは二一度線上に降りなければならない。

そのため、バイキングの科学者チームは、適当な着陸候補地が二つ以上ある緯度線を選んだ。バイキング1号の目標は、北緯二一度であった。この場合、第一の候補地は、クリュセ平原のなかにあった。クリュセとは、ギリシャ語で「黄金の土地」という意味で、着陸候補地は、曲がりくねった四つの谷の合流点の近くにあった。その谷は、火星の歴史の早い時期に、流水によって刻まれたものと考えられていた。

クリュセ平原の着陸地点は、安全基準のすべてを満たしているように思われた。しかし、レーダーによる観測は、着陸地点の近くについて行われただけで、クリュセ平原の着陸地そのものの観測は行われていなかった。それは、地球と火星の幾何学的な位置の関係で観測ができなかったためで、クリュセ平原の着陸地がレーダーではじめて観測されたのは、着陸予定日の数週間前だった。

バイキング2号の着陸候補地は、北緯四四度の線上で、第一候補はキュドニアと呼ばれる地域だった。そこが選ばれたのは、火星の一年のうち少なくともある時期には、少量の水が存在するかもしれない、という理論的な主張があったからである。

バイキングの生物実験装置は、水のなかを好む微生物を対象にしたものだったから、キュドニア地域に着陸することができれば、バイキングが生物を発見する可能性は相当に高まるだろう。何人かの科学者たちは、そのように主張していた。

だが一方、「火星のように風の強いところなら、どこかに微生物がいれば、それは風で運ばれて、あちらにもこちらにもいるはずだ」という意見もあった。

この二つの意見には、それぞれに長所があり、どちらがよいと決めることはむずかしかった。しかしながら、一つだけはっきりしていたことは、北緯四四度の地点は、緯度が高すぎて、レーダーによる調査はまったく不可能だ、ということだった。したがって、このような北方の高緯度地方を着陸地点として選べば、バイキング2号が失敗する可能性は相当に高くなるはずだった。私たちは、その危険性を受け入れなければならなかった。

「もし、バイキング1号がうまく着陸し、故障もなく動けば、バイキング2号については、より大きな危険性があってもかまわないだろう」という声も、ときどき聞かれた。だが、この一〇億ドルもする探査機の運命について、私は非常に用心深い意見を述べた。たとえば、バイキング2号が不運にもキュドニア地域に衝突してこわれた直後に、クリュセ平原のバイキング1号では重要な機械が故障する、ということも起こりうる。私は、そのような事態も想像した。

バイキングに選択の余地を残しておくため、クリュセやキュドニアとは地質学的にまったく違う着陸地点がもう一つ選ばれた。それは、レーダーですでに調べられ、安全なことが証明された場所で、南緯四度の近くにあった。

バイキング2号を高緯度地方に降ろすのか低緯度地方に降ろすのかは、事実上、最後の瞬間まで決められなかった。だが、最後にはキュドニア地域と同じ緯度にある、ユートピア平原という、希望に満ちた名の場所が選ばれた。

バイキング1号の最初の着陸地点は、のちに母船がとった写真やら、遅れて行われた地上からのレーダー観測のデータやらを検討してみると、非常に危険であると思われた。「バイキング1号は、安全な場所を探し出すことができなくて、まるで伝説の幽霊船のように火星の空を永遠に飛び続けなければならないのではないか」と、私は、しばらくのあいだ心配した。

しかし、私たちは、ついに適当な着陸地点を見つけ出した。それは、やはりクリュセ平原のなかにあったが、四つの古代の谷の合流点からは遠く離れていた。

着陸地点の選択に手間どったため、バイキング1号を一九七六年七月四日に火星に着陸させることはできなくなった。しかし、その日に試みて着陸に失敗したのでは、アメリカ合衆国の二〇〇歳の誕生祝いとしては、満足できないものになってしまう、と多くの人の意見が一致した。

私たちは、一六日遅れて探査機の逆噴進ロケットに点火した。着陸船は衛星軌道を離れ、火星の大気のなかに突入した。

母船と着陸船の結合体であるバイキング1号と2号とは、太陽をまわる長い軌道を通って、惑星間空間をほぼ一年半かかって約一億キロも飛んだ末、それぞれ火星のまわりの予定された衛星軌道にはいった。

母船は着陸予定候補地を調査し、着陸船は電波指令によって、火星の大気圏に突入し、耐熱材の部分を正しい方向にむけ、パラシュートを開き、覆いを脱ぎ捨て、逆噴進ロケットをふかした。人間の歴史においてはじめて、赤い惑星のクリュセ平原とユートピア平原に、探査機がふんわりと安全に着陸した。

この勝利に満ちた着陸は、探査機の設計や組み立て、テストなどに注ぎ込まれた偉大な技術と、飛行管制官たちのすぐれた能力とに負うところがきわめて大きい。しかし、火星のような、非常に危険でなぞに満ちた惑星の場合、少なくともある程度は、運がよかったというべきだろう。

赤く美しい世界

着陸したらすぐに、最初の写真が送られてくることになっていた。私たちは、退屈な場所を選んだことを知っていた。しかし、希望は持っていた。

バイキング1号がうつす最初の写真は、自分自身の着陸脚の一つであった。火星の流砂のなかに着陸船が沈んでしまう場合のことを考え、着陸船が消えてしまうまえに、流砂のようすを見ておきたかったのである。

写真は、電送の横線が一本ずつ現れて、しだいにできあがっていった。着陸脚は沈むことなく火星表面にちゃんと脚をつけていた。私たちは、ほんとうにホッとした。

そのあとすぐに、ほかの写真の画素がつぎつぎと、地球へ電波で送られてきた。

火星の地上から見た地平線を示す写真がはじめて送られてきたとき、私は機械の前にクギづけになった。そのことを、いまでもよく覚えている。それは、決して奇妙な別世界ではない、と私は思った。それによく似た場所が、アメリカのコロラド州やアリゾナ州、ネバダ州などにある。

そこには、岩石や漂砂があり、遠くには台地があった。それは、地球のどの景色とも同じように、自然な、気取らない風景であった。火星は、一つの「場所」であった。もし、白髪まじりの探鉱者がラバをひきながら、砂丘のかなたからひょっこり現れでもしたら、もちろん、私は驚いただろう。しかし、そう考えてもおかしくないような風景がそこにあった。

私は、ソビエトのベネラ9号、10号がうつした金星表面の写真を何時間もかけて調べたことがあるが、そのときと同じような感慨に襲われた。ともかく、それは、私たちが何度も行ってみることになるだろう世界であった。私はそう思った。

火星の風景は荒涼として赤く、美しかった。地平線のかなたでクレーターができたときに投げ出された岩石が転がり、小さな砂丘があり、漂砂に何度も覆われたりむき出しになったりする岩があり、風で運ばれてきた微細な粒の物質が羽毛のように広がっていた。

それらの岩石は、いったい、どこからきたのだろうか。どれだけの砂が風で運ばれてきたのだろうか。割れた岩や、砂に埋もれた大石、地面の多角形の穴などは、この惑星のどんな歴史の結果できたのだろうか。

岩石は何でできているのだろうか。砂と同じ物質でできているのか。砂は、岩石がくずれてできたものなのか、それとも別なものなのか。空はなぜピンク色をしているのか。空気は何でできているのか。風はどんな速さで吹くのだろうか。地震はあるのだろうか。季節によって、気圧や風景はどのように変わるのだろうか。

このような質問のすべてに対して、バイキングは、決定的な答えや、少なくとも納得できる答えを出してくれた。

私たちは、退屈な場所を着陸地点として選んだが、それにもかかわらず、バイキング計画が明らかにしてくれた火星は、きわめて興味深いものだった。

しかし、カメラは、運河を建設する人たちの姿も、バルスーム人たちの空飛ぶ自動車も、短い剣も、王女も兵士も、八本足の荷役動物ソートも、足跡も、サボテンやカンガルーネズミさえも映し出してはくれなかった。私たちが見た限りでは、生物がいるという証拠は何もなかった。[*3]

たぶん、火星にも大きな生物はいるだろう。しかし、私たちの二つの着陸地点のところにはいなかった。たぶん、岩や砂粒のところには、もっと小さな生物がいるのだろう。地球の場合も、その歴史の大部分にあたる期間、水に覆われていない陸地は、今日の火星と同じ状況であった。地球の空気も、かつては二酸化炭素が多かった。大気にはオゾンがないため、紫外線が強烈に地表を照らしていた。

大きな植物や動物が陸地にあがってきたのは、地球の歴史の最後の一〇パーセントにあたる期間に入ってからである。しかし、微生物だけは、三〇億年のあいだ、地球上のあちこちにいた。火星の生物を探すのなら、私たちは、微生物を探さなければならない。

オオカミ捕りのワナ

バイキングの着陸船は、人間の手や目を、見なれないほかの世界にまで届かせてくれた。バイキングの着陸船は、ある意味では、キリギリスのように利口であり、別な意味では、細菌ほどの知能しか持たない。しかし、そのような比較をしたからといって、私はバイキングの着陸船をバカにしているわけではない。生物を細菌の段階まで進化させるのに、自然は何億年もの歳月を必要としたし、バッタの段階まで進化させるのには何十億年もかかった。

私たちは、宇宙探査機の製作に関しては、まだわずかな経験しか持っていないが、そのわりには、かなり上手に造れるようになっている。

バイキングは、私たちと同じように二つの目を持っている。その目は、私たちと違って赤外線も見ることができる。標本採取のための機械の腕は、岩石を押したり、地面に穴を掘ったり土砂の試料をとったりすることができる。私たちが指をあげて風向と風速を知るように、バイキングも同じやりかたで風を測ることができる。バイキングには、鼻も味蕾《みらい》もある。それによって、私たちの感覚器官よりもはるかに正確に、微量な分子を測定することができる。火星の地震や火星のそよ風に吹かれてゆれる着陸船の動揺などを感じる内耳器官もあるし、微生物を調べる道具もそろっている。

バイキングには、放射性アイソトープを使った原子力電池が積んであり、火星で集めた科学的なデータは、すべて電波にのせて地球へ送ることになっている。それは、地球からの指令を受けることもできた。したがって、地上の科学者たちは、バイキングが得たデータについて考え、バイキングに何か新しいことをやるように指示することができた。

しかし、着陸船の大きさ、製作費、電源などには限度があった。そのきびしい限度のなかで火星の微生物を探すには、どうしたらよいのだろうか。私たちは、まだ微生物学者をそこに送ることはできない。

かつて、私は、ウルフ・ビシュニアックというすぐれた微生物学者と友達であった。彼は、ニューヨーク州のロチェスター大学にいた。一九五〇年代の後半、私たちは、火星の生物を探そうと、真剣に考え始めていた。そのころ、ビシュニアックは、ある学会に出席した。そのとき、ある天文学者が「微生物を探すことのできる簡単で信頼のおける自動装置の一つさえも生物学者が持っていないとは驚いたことだ」と述べた。それを聞いたビシュニアックは、この問題について何かやってみようと決心した。

彼は、惑星に送るための小さな装置を開発した。彼の友人たちは、彼の名前ウルフ（オオカミ）

にひっかけて「オオカミ捕りのワナ」と、その装置を呼んだ。

それは、少量の有機栄養物をガラスのびんに入れて火星へ持っていき、火星の土の試料にそれをまぜる。もし、火星に微生物がいて繁殖すれば、栄養物の液体が濁ったり、白くなったりするから、それを観察する。

この「オオカミ捕りのワナ」は、ほかの三つの微生物学の実験装置とともに、バイキングの着陸船に積まれることになった。ほかの三つの実験装置のうちの二つも、火星に微生物のエサを運ぶものだった。

「オオカミ捕りのワナ」が成功するためには、火星の微生物が、水を好んでくれなければならない。「ビシュニアックは、小さな火星人たちを、おぼれさせるだけだよ」と考える人たちもあった。しかし「オオカミ捕りのワナ」の長所は、火星の微生物たちが、与えられたエサをどう扱ってもかまわないことだった。微生物は、ただ繁殖しさえすればよかった。

ほかの実験装置は、すべて火星の微生物たちが、気体を放出したり、取り入れたりするという、特別な仮定をもとに作られたものだった。そして、その仮説は、推測の域をほとんど出ないものだった。

アメリカの惑星探査計画を進めている航空宇宙局（NASA）は、しばしば、予期しない予算削減に見舞われる。予期しない予算の増額などということは、ほとんどなかった。航空宇宙局の科学研究活動は、政府の効果的な支持をほとんど受けていなかった。そのため、航空宇宙局の予算が削られるときには、まず第一に、科学研究が削減の対象とされた。

一九七一年には、四つの微生物実験装置のうち一つを降ろすことに決まった。降ろされたのは「オオカミ捕りのワナ」であった。ビシュニアックは、失望に打ちひしがれた。彼は、その装置の開発に一二年もかけていたのだ。

南極で死んだ科学者

彼のような立場にたたされたら、多くの人がバイキングの生物学チームを去るだろう。しかし、ビシュニアックは、おとなしくて献身的な男だった。彼は、チームを去るかわりに、火星の生物探しにもっとも役立つことをしようと決心した。地球上で火星にもっともよく似たところは、南極の雪や氷のない谷間だが、彼は、そこに行くことに決めた。

彼より前に二、三の研究者たちが南極の土を調べ、そこで見つけたいくつかの微生物は、その乾いた谷間の古来の住民ではなく、もっと温暖なところから風で運ばれてきたものだ、という結論を出していた。

しかし、ビシュニアックは「火星のびん」の実験を思い出し「生物はなかなか死なないものである」と信じ、南極は、微生物学の研究に完全に適していると考えた。

もし、地球上の微生物が火星のうえで生きることができるなら、火星よりもかなり暖かく、湿っていて、酸素も多く、紫外線も少ない南極で、微生物が生きられないはずはない、と彼は考えた。

裏返していえば、南極の乾いた谷間に生物がいるならば、火星に生物がいる可能性も大きくなる、ということだ。

「南極には土着の微生物はいない」という結論を出した実験の方法はまちがっている、と彼は信じた。そのとき使われた栄養物は、大学の微生物学研究室の快適な環境には適しているかもしれないが、南極の乾燥した荒れ地に向くように調合されたものではなかった。

というわけで、ビシュニアックは、新しい微生物学の実験装置を携えて、同僚の地質学者とともに、一九七三年一一月八日、ヘリコプターで、マクマード基地からアスガード山脈のボルダー山の近くにある乾いた谷間へ向かった。

彼の目的は、南極の土のなかに、小さな微生物学の実験装置を埋め、一カ月後に回収して調べることだった。一九七三年一二月一〇日に、彼は、ボルダー山の実験装置を回収しに行った。彼の出発は、三キロ離れたところから写真にうつされた。それが生きた姿の最後であった。一八時間後、彼は氷壁の下で遺体となって発見された。彼は、まだ探検されたことのないところに入り込み、氷の上ですべり、一五〇メートルほど離れたところまで転落したようである。たぶん、彼は、そこに何かを見たのだろう。微生物の住んでいそうなところがあったのか、南極にはないはずの緑のまだらがあったのか……。私たちには、それはわからない。彼がその日持ち歩いていた茶色の小さなノートの最後のところには、つぎのように書いてあった。「二〇二番観測地点の装置を回収。一九七三年一二月一〇日、二二時三〇分。土の温度は零下一〇度、気温は零下一六度」。それは、火星の夏の気温と同じだった。

　ビシュニアックが南極の土のなかに置いた微生物学の実験装置の多くは、いまも南極にそのまま残っている。しかし、持ち帰られた試料は、彼の同僚や友人たちが、彼の方法に従って調べた。その結果、従来の検査技術では見つけ出すことのできない微生物が何種類も見つかった。微生物は、調べられた観測地点のほとんどすべてで見つかった。

　明らかに、南極にしかいない酵母の新種が、彼の妻ヘレン・シンプソン・ビシュニアックによって、彼の試料のなかから発見された。

　そのときの探検のさい南極から持ち帰られた大きな岩は、イムレ・フリードマンによって調べられ、微生物学上の興味をそそる発見がなされた。岩の表面から一、二ミリのところに、少量の水が捕らえられていて、その小さな世界に藻類《そうるい》が棲んでいた。

　もし、このような場所が火星にあれば、もっとおもしろいだろう。なぜなら、一、二ミリの厚さなら、光合成に必要な可視光線はなかまで通り、細菌を殺す紫外線は少なくともいくらか弱まるからである。

　宇宙探査機の設計は、打ち上げの何年も前に確定するし、ビシュニアックが亡くなったため、彼の南極での実験の結果は、火星の生物を探すバイキングの設計には生かされなかった。

　一般的にいって、バイキングの微生物の実験は、温度を調節した装置のなかで行われ、火星の低温の環境では行われなかった。また、微生物を長い時間かけて培養するということもなかった。

バイキングの実験は「火星の生物の物質代謝はこんなものだろう」という、かなり勝手な仮定のもとに行われた。岩石のなかの生物を探すような手だては、バイキングにはなかった。

スープを飲んだ？ 火星人

二つのバイキング着陸船には、火星表面の物質を採取するための機械の腕がつけてあった。その腕は、試料を取ったら、ゆっくりと着陸船の内部に戻り、じょうご形の投入口に試料を入れる。その試料は、電車に載せられたように五つの実験装置へと運ばれる仕組みになっていた。五つの装置とは、土砂の無機化学的な分析を行うもの、砂とホコリのなかの有機分子を探すもの、それから、微生物を探すもの、この三つの装置であった。

火星の生物を探すときには、私たちは、ある種の仮定を行っている。しかし、どこの生物も地球の生物と同じようなものだ、とは、できるだけ仮定しないよう、私たちは努力する。しかし、私たちにできることには限度がある。私たちがくわしく知っているのは、地球上の生物のことだけなのだ。

バイキングの生物実験は、最初の先駆的な試みであったが、それは、火星の生物を探す決定的な実験とは、とてもいえなかった。その結果は、興味をかきたて、人を悩ませ、興奮させ、刺激にあふれていたけれども、少なくとも最近まで、事実上、結論は出ていない。

三つの微生物実験装置は、それぞれ違った種類の質問に対して答えを出そうとするものだった。

しかし、その三つの質問は、すべて、火星の生物の物質代謝に関するものだった。

もし火星の土のなかに微生物がいるならば、それらはエサを食べて廃ガスを放出するに違いないし、あるいは、大気中の気体を取り入れ、そして、たぶん、太陽光線の助けを借りて、それらを有用な物質に変えるに違いない。

それで、私たちは、火星に食べものを運び、もしそこに小さな火星人がいるなら、それを、おいしいと思ってくれるようにと望んだのである。そして、何か興味ある新しい気体が土のなかから出てくるかどうかを見ようとした。私たちは、放射性物質で目じるしをつけた気体も火星に持っていったが、それらが有機物に変えられるなら、小さな火星人がいると推論できるはずだった。

打ち上げの前に決められた基準に照らせば、バイキングの三つの実験装置のうち二つは、小さな火星人がいるとの答えを出したように思われた。

まず、地球から持っていった殺菌済みの有機物のスープに火星の土を入れたとき、土のなかの何かの物質によってスープが化学的に分解された。それは、あたかも、呼吸をする生物がいて、地球から持っていった食べものを食べて分解しているかのようであった。

第二の出来事は、地球から持っていった気体を火星の土の試料に与えたときに起こった。火星の土と気体とが化学的に結合したのだ。それは、まるで、光合成を行う微生物がいて、大気中の気体から有機物を作っているかのようだった。

火星に微生物がいるかのように思わせる結果は、火星上の五〇〇〇キロ離れた二つの地点で採取した七つのそれぞれ違った試料から得られた。

しかし、状況は複雑であった。実験が成功したかどうかを判断するための基準は、あいまいだった。バイキングの微生物実験装置を製作し、いろいろな種類の微生物をテストすることには大きな努力が払われた。しかしながら、火星の表面にあると思われる物質を使って装置をテストすることには、ほとんど何の努力も払われなかった。

火星は地球ではない。パーシバル・ローウェルの故事が教えているように、私たちは、かつがれることもあり得る。たぶん、火星の土のなかには、風変わりな無機化合物があって、微生物がいなくても、それだけで、食べものを酸化してしまうことができるのだろう。たぶん、火星の土のなかには、なにか特別な、生命のない無機物の触媒があって、大気中の気体を固定し、有機物に変えることができるのだろう。

最近の実験は、そのようなことが実際にあり得ることを示している。一九七一年に起こった火星の大きな砂あらしのとき、マリナー9号の赤外線スペクトル計は、ホコリのスペクトルをとることができた。O・B・トゥーンとJ・B・ポラックと私は、それを分析して、ホコリのなかにモンモリロナイトやその他の粘土鉱物があると考えれば、スペクトルの特徴をもっともよく説明できることを知った。

その後、バイキング着陸船のデータも、火星では、粘土が風とともに漂っていることを裏付けた。そして、A・バニンとJ・リシュポンとは、火星の土の代用品として、そのような粘土を使って実験し、バイキングの「成功した」微生物実験と同じように、呼吸や光合成に似た現象を再現できることを発見した。

粘土は、複雑で活性に富む表面を持っており、気体を吸収したり、放出したり、化学反応の触媒の役をはたしたりする。

バイキングの微生物実験の結果が、すべて無機化学で説明できると言い切るのは、まだ早すぎる。しかし、そのような結論になっても、もはや驚くことはない。

粘土の仮説は、火星に生物がいるという考えをすべて排除するものではない。しかし、火星にも生物がいるという説得力のある証拠は何もない、といえることも確かである。

活発な粘土の働き

それにしても、バニンとリシュポンのふたりが行った粘土についての実験の結果は、生物学にとってきわめて重要である。なぜなら彼らは、生物がいなくても、生物と同じような化学反応をする土があることを示したからである。

地球上には、生物が現れる前から、呼吸や光合成に似た化学反応があって、土のなかで循環していたのかもしれない。おそらくその反応は、生物が誕生したとき、生物のなかに取り込まれたことだろう。しかも、モンモリロナイトという粘土鉱物は、アミノ酸をいくつも結びつけて、たんぱく質に似た長い鎖の分子にする触媒作用を持っている。

原始時代の地球にあった粘土は、生命を作るるつぼだったのかもしれない。そして、火星上の現在の化学反応は、地球の生命の起源とその初期の歴史を解くための、重要な手がかりを私たちに与えてくれるかもしれない。

火星の表面には、数多くの衝突クレーターがあり、人の名、ふつう科学者の名をとって命名されている。ビシュニアックという名のクレーターは、火星の南極地域にある。それは、適切なはからいであった。ビシュニアックは、火星に生物がいるはずだとは主張しなかった。彼はただ「火星には生物がいる可能性がある」と言っただけであり、「そこに生物がいるかどうかを知ることは、非常に重要なことだ」と主張しただけである。

もし火星に生物がいるなら、私たちは、地球の生物の形などが、どれほど一般的なものであるかを検討する、貴重な機会を得ることになる。そして、もし、どちらかといえば地球によく似た火星に生物がいないならば、私たちは、なぜそうなのかを知らなければならない。実験のさいには、かならず対照群（訳注＝たとえば、薬の効き目を調べるときには、薬を飲ませた患者のグループと、飲ませなかった患者のグループとを比べる。この場合、飲ませなかった患者のグループのことを「対照群」という）をとって比較するのが、昔から科学のしきたりとなっており、ビシュニアックもそれを強調したが、もし火星に生物がいなければ、火星はすぐれた「対照群」となるだろう。

バイキングの微生物実験の結果が粘土で説明できるということ、その結果は、必ずしも生物の存在を意味していないということは、もう一つのなぞを解くのに役立った。それは、バイキングの有機化学の実験装置が火星の土のなかに有機物をまったく発見できなかった、というなぞである。

もし、火星に生物がいるとしたら、その生物の死体はどこにあるのだろうか。火星には、どのような有機物の分子も存在しなかった。たんぱく質や核酸を作る分子も、たった一つの炭化水素も、つまり地球上で生命の物質とされているものは、火星ではまったく見つけることができなかった。

しかし、これは必ずしも矛盾ではない。なぜなら、バイキングの微生物実験装置は、バイキングの化学実験装置よりも（同量の炭素原子について比べると）一〇〇〇倍も感度がよい。したがって、微生物実験装置は、火星の土のなかで合成された有機物を検出することができると思われる。

だが、この問題には、検討の余地はあまり残されていない。地球の土には、かつて生きていた生物の残りものである有機物がたくさんまじっている。だが、火星の土には、月面の土よりもわずかな有機物しか含まれていなかった。

もし、私たちが「火星には生物がいる」という仮説を採用するならば、生物の遺体は、火星の表面の、化学的に活発で酸化力のある物質によって破壊されたと考えなければならない。それは、過酸化水素水のびんのなかに入った細菌のようなものだ。

それとも、生物が火星には住んでいるが、地球の生物とは違って、有機物が中心的な役割をはたさないと考えるかであろう。

しかし、地球とは違う生物がいる、という説は、私には、特に弁解がましいように思われる。私は、いやいやながらではあるが、炭素中心論者を自認している。宇宙には炭素が豊富に存在する。

そして、炭素は、生物の役に立つような、驚くほど複雑な分子を作る。

私はまた水中心論者でもある。水は、有機物を溶かし、有機化学の反応を起こさせる理想的な液体（溶媒）であり、広い温度の範囲で液体の状態にとどまることができる。

しかし、私はときどき不思議に思うことがある。私が、これらの物質を好きなのは、私自身が、主としてそれらの物質でできているのと関係があるのではなかろうか、と。

私たちが、主として炭素と水とからできているのは、生命が誕生したときに、地球上にそれらの物質がたくさんあったからではなかろうか。たとえば、火星のような別なところでは、生物は別な物質でできているのだろうか。

見つからなかった生物

私は、水とカルシウムと有機分子のかたまりで、カール・セーガンと呼ばれている。あなたも、私とほとんど同じ分子でできていて、名前だけが違っている。しかし、それだけだろうか。私たちのからだのなかには、分子以外には何もないのだろうか。人によっては、このような考えかたは、人間の尊厳を損なうものだと思うだろう。

しかし、私自身は、私たちのような複雑で微妙な分子の機械ができるまで、よくも宇宙が生物の進化を許してくれたものだと考える。そう思うと、人間の威厳はかえって高まってくる。

生命の本質というのは、私たちを作り上げている原子や単純な分子そのものではなく、むしろ、それらがどのように結び合わされているか、ということである。

「人間のからだを作り上げている化学物質の値段は九七セントである」とか「一〇ドルである」とかいう数字を、私たちはときどき目にする。私たちのからだが、それほど値打ちのないものだ、と知れば、私たちは、いささかゆううつになってしまう。

しかし、これらの見積もりは、人間のからだを、もっとも単純な物質に還元したときの値段である。私たちのからだは、大部分が水でできているが、水はほとんどただである。炭素は石炭として値段をつける。骨のカルシウムは、チョークの値段で見積もる。たんぱく質のなかの窒素は、空気中の窒素と同じと考えるから、これも安い。血液のなかの鉄分は、さびたクギと同じと考える。

もし、私たちが、あまりよく知らなければ、私たちのからだを作っている原子をすべて大きな容器に入れて、かきまぜることだろう。このようなことは、好きなだけやってみることができる。しかし、最後にできあがるものは、原子の退屈な混合物だけである。そのほかに、なにかができあがると期待することができるだろうか。

ハロルド・モロウィッツは、私たちのからだを作り上げている分子を調べ、それを化学薬品の販売店で買うとすれば、いくらになるかを計算してみた。その答えは、約一〇〇〇万ドルと出た。この数字は、私たちを、いい気持ちにさせてくれる。

しかし、その分子のすべてをびんに入れてかきまぜてみても、そのびんから人間が出てくるわけではない。びんのなかで人間を作ることは、私たちの能力をはるかに超えており、今後きわめて長い期間、不可能なままだろう。人間を作るのだったら、さいわいなことに、もっとお金のかからない、はるかに信頼性の高い方法がある。

ほかの世界に住む生物たちも、あらかた、私たちと同じ原子でできており、おそらく、たんぱく質とか核酸とかいう基本的な分子も、私たちのものと同じだろう。ただ、結合の仕方が違っているだけだろう。

木星などの濃い大気のなかに浮いている生物も、構成原子の点では、私たちに非常によく似ているだろう。ただ、彼らには骨がなく、したがって、多くのカルシウムを必要とすることはない。ただし、溶媒として水以外のものが使われている例も、たぶんどこかにあるだろう。フッ素は、宇宙にはあまり大量には存在しないけれども、フッ化水素酸は、溶媒としてかなりすぐれていると思われる。私たちのからだを作っている分子は、フッ化水素酸にあうと、相当に損なわれる。しかし、たとえば、パラフィンなどは、フッ化水素酸のなかでも、まったく安定していて、侵されることがない。

アンモニアは、もっとすぐれた溶媒となるだろう。なぜなら、アンモニアは、宇宙のなかにたくさんあるからだ。しかし、それは、地球や火星よりもずっと冷たい世界でないと、液体にならない。金星の表面では、水は気体であるように、アンモニアは地球ではふつう気体になっている。

また、溶媒をまったく持たない生物も、たぶん存在するだろう。そのような固体の生物の場合は、溶媒のなかを分子が漂ってゆく代わりに、固体のなかを電気信号が広がってゆくことだろう。

しかし、このような考えも、バイキングの着陸船が出したデータの矛盾を解決することにはならない。火星に生物がいるかと思われるようなデータをバイキングの着陸船は出し、一方、それは「火星の土のなかには有機物はない」というデータも出した。

火星は地球に似た世界であり、炭素と水が豊富に存在する。したがって、もし火星に生物がいるなら、それらは、有機化学の法則に基づいたものだろう。

ところが、バイキングの有機化学の実験装置は、写真撮影装置や微生物実験装置と同じように「一九七〇年代後半のクリュセ平原とユートピア平原の微小な粒子のなかには生物はいなかった」という結論を支持するデータを出している。

南極の乾いた谷の場合と同じように、岩石の下の深さ数ミリのところか、火星の別なところには生物がいるかもしれない。あるいは、もっと昔の、もっと気候の穏やかだったころには、生物がいたのかもしれない。しかし、私たちが調べた時と場所には生物はいなかった。

これからの探査計画

バイキングによる火星の探査は、歴史的に重要な意味を持つものだった。それは、ほかの世界の生物がどんなものであるかを初めて真剣に調べたものであったし、ほかの惑星のうえで一時間以上も働き続けた最初の探査機でもあった。事実、バイキング1号は、何年にもわたって火星の観測を続けた。そして、それは、ほかの世界の地質、地震、鉱物、気象、そのほか六つの科学の分野に関して、豊かなデータを提供してくれた。

このようなすばらしい成果のあとに、私たちは、引き続き、何をやったらよいのだろうか。科学者たちのなかには、火星に着陸し、火星の土砂の試料を取って地球に戻ってくる自動探査機を打ち上げたいと考えている人もいる。火星の土砂が地上で入手できれば、私たちは、地上の精巧な研究室でそれをくわしく調べることができるだろう。そうすれば、火星に送ることのできる小型化された窮屈な研究室で調べるよりも、ずっとよいデータが得られることだろう。

そうなれば、バイキングの微生物実験装置が出した結果のあいまいさは、おおよそ解決されることだろう。土砂の化学的、鉱物学的な分析もできるし、岩石を割って、表面の下に生物がいるか、いないかを調べることもできる。有機化合物と生物についても数百種類の実験をすることができるし、条件をさまざまに変えながら顕微鏡でじかに観察することもできる。私たちは、ビシュニアックの微生物検出法も用いることができる。このような火星探査には、かなりのお金がかかるだろうが、技術的には、おそらく可能であろう。

しかし、そこには新たな危険が一つある。それは、地球を汚染することである。火星の土砂を地球の上で調べようとする場合は、もちろん、土砂を前もって殺菌するわけにはいかない。この種の火星探査の大切なところは、微生物を生きたまま持って帰ることである。その場合、何が起こるだろうか。

火星の微生物は、地球に持って帰られたら、一般の人たちの健康に害をおよぼすだろうか。H・

G・ウェルズとオーソン・ウェルズの火星人たちは、ボーンマス市とジャージー市の制圧に気をとられていて、自分たちのからだの免疫力が、地球の細菌に対しては役に立たないことにいつまでも気がつかず、手遅れとなった。その逆のことが起こりはしないだろうか。これは、重要で困難な問題である。

そこには、微小な火星人はいないのかもしれない。仮にいたとしても、それを一キロ食べても、私たちは病気にはならないかもしれない。しかし、私たちは、そうだといいきることができない。危険な賭けなのだ。

もし、火星の試料を殺菌しないまま地球へ持ち帰ろうと思うなら、気の遠くなるほど信頼性の高い隔離法を確立しなければならない。

しかし、地球上には、生物兵器を開発し、貯蔵している国がある。ときには事故も起こりそうに思われるが、私の知る限り、そのために世界的な流行病が起こったことはない。

おそらく、火星の土砂の試料も、安全に地球に持ち帰ることができるだろう。だが、土砂を持ち帰る探査機の打ち上げを考えるときには、安全性には十分に気をつけたいと私は思う。

火星を調べ、この異質な世界について、いろいろなことを発見し、十分に楽しむ方法は、ほかにもある。

バイキングの着陸船がとった写真を調べたとき、私がいつも感じたのは、着陸船が移動できないもどかしさであった。私は、無意識のうちに、着陸船に対し、「せめて、つま先で立ってくれよ」

と語りかけていた。しかし、動けないように設計されたこの着陸船は、ほんのわずか跳ねることさえ、片意地をはり拒否しているかのように思われた。私たちは、機械の腕で遠くの砂丘をひっかき回してみたかったし、岩石の下に生物がいるかどうかも見たかった。遠くに見える山脈が、クレーターの周壁であるかどうかも知りたかった。そして、南東のあまり離れていないところに、クリュセ平原の四つの曲がりくねった谷があることも、私は知っていた。

バイキングの観測結果は、すべて魅力に富み、興奮させられるものであったけれども、その着陸地点よりも、もっとはるかに興味深い場所が火星には一〇〇カ所もあることを私は知っていた。

理想的な探査機は、火星のうえを動き回れる車である。そのような車の原型は、いまアメリカの航空宇宙局が開発中である。その車は、どのようにして岩石を越えるか、どのようにして谷への落下を避けるか、どのようにして窮屈な場所から逃げ出すか、といったことを自分自身でわきまえている。

まわりの景色をテレビに映し出し、もっともおもしろい場所を視野におさめ、あくる日には、そこへ行ってみるような、そんな車を火星に着陸させることは、私たちがすでに持っている技術でできることである。

この車は、魅力に満ちた火星のさまざまな地形のところを、複雑に曲がりながら、毎日、新しい場所へと行くことができる。

このような探査は、かりに火星に生物がいないとしても、大きな科学的な成果を収めることだろう。私たちは、古代の川の谷底へ降りてゆくこともできるし、大きな火山の斜面をのぼってゆくこともできる。南北両極の氷の台地の奇妙な階段状地形のところへ行くこともできれば、すばらしい火星のピラミッド[*4]に近づくこともできる。

このような探査に対しては、一般の人たちの関心も大きいことだろう。毎日、いくつかの新しいながめが、家庭のテレビに映し出される。私たちは、車の通った道をたどり、新しい発見について考え、新しい目的地を提案することができるだろう。旅は長く、車は地球からの電波指令におとなしく従う。時間は十分にあるから、新しい走破計画には、新しいすぐれたアイデアを盛り込むことができる。

何十億人もの人が、もう一つの世界の探検に参加できるのである。

極冠を黒く汚す

火星の表面積は、地球の陸地の面積と、まったく同じである。それをすべて調べるのには、何世紀もかかることは明らかだ。しかし、火星がすべて探査される時がきっとくるだろう。ロボット飛行機が空中から火星の表面の写真をとって地図を作り、自走車が表面をくまなく走りまわり、土砂の試料が安全に地球に持ち帰られ、火星の砂の上を人間が歩き回る。そんなときが、必ずくるだろう。

さて、それからどうするのか。私たちは、火星をどうするのだろうか。

人間が地球を誤って利用した実例はたくさんある。そのことを口にしただけで、私は寒けを感じるほどである。

もし火星に生物がいたら、私たちは火星に対して何もするべきではない、と私は信じる。そのときには、火星は火星人のものである。かりに火星人が微生物にすぎなかったとしても、やはりそうだ。

近くの惑星に、独立した生物が存在するということは、計り知れない宝である。その生物を保存することは、火星をどのように使うかということよりも、はるかに価値の高いことだと私は思う。しかし、火星に生物がいなかったとしたら、どうだろうか。鉱物などを採掘する場所としては、役に立ちそうもない。なぜなら、今後何世紀にもわたる火星から地球までの運賃が、高すぎるからである。

では、私たちは、火星に住むことができるだろうか。ともかく、火星をなんとか人の住める場所にすることができるだろうか。

火星は、たしかに、かわいらしい世界である。しかし、私たちの狭い了見で考えると、火星には悪いところがいっぱいある。なんといっても、酸素がたりず、液体の水がなく、紫外線が強すぎる(温度が低いのは、克服できない障害ではない。南極の観測基地に一年中、人がいることからも、それは明らかである)。

だが、これらの問題は、もし私たちが、もっと多くの空気を作ることができれば、すべて解決することができる。大気圧がもっと高くなれば、水も液体の状態で存在することができる。もっと酸素があれば、私たちは、火星の空気を呼吸することができるだろう。オゾンがふえれば、太陽の紫外線放射はさえぎられて、火星の表面には届かぬようになるだろう。曲がりくねった谷や極地に積み重なっている板状の氷や、その他の証拠は、火星にもかつてはそのような、もっと濃い大気があったことを示している。これらの気体が火星から逃げてしまったとは考えにくい。したがって、それらは、火星のどこかにいまもあるのだ。

一部は、表面の岩石と化学的に結合しているだろうし、一部は地下の氷となっているだろう。しかし、大部分は、極冠の氷となっている。

この極冠の氷を蒸発させるためには、それを熱しなければならない。おそらく、黒い粉末をかけて、極冠を黒く汚せばよいだろう。そうすれば、極冠は、太陽光線をよく吸収するようになり、温度が上がる。これは、私たちが森や草地を破壊して、地球の反射率を上げているのと正反対の試みである。

しかし、極冠は非常に大きい。それをすべて覆うためには、サターン5型ロケット一二〇〇機を使って、黒い粉末を地球から火星へ運ばなければならない。そうしてみたところで、風が粉末を極冠から吹き飛ばしてしまうかもしれない。

したがって、自分自身の複製を作れるような黒い物質を考案するほうが、もっとよいだろう。小さな黒い機械を火星に運ぶのである。その機械は、極冠のうえの火星の物質だけを使って、自分自身とそっくり同じものを複製する。このような種類の機械はある。私たちは、それを植物と呼んでいる。ある種の植物は丈夫で、回復力に富んでいる。

地上の微生物のうち、少なくとも何種類かは、火星でも生き延びる。私たちは、そのことを知っている。ここで必要なのは、地衣類のような黒い植物を人為選択と遺伝子工学とによって、きわめてきびしい火星の環境に耐えられるよう改造する計画である。

もし、このような植物を作り出すことができれば、火星の広大な極冠の氷の上に、その種子をまく。それは、根を張り、広がってゆき、極冠の氷を黒くして、太陽光線を吸収する。それで氷は熱せられ、長いあいだ捕らわれの身だった古代の火星の大気が解放される。

私たちは、アメリカの有名な開拓者ジョニー・アップルシードのような火星の開拓者を想像することができる。それは、ロボットかもしれないし、生身の人間かもしれない。それは、凍った極地の荒れ地を歩き回り、のちの世代の人たちのためだけに働く。

このような考えは、一般に「惑星改造計画」と呼ばれている。異質な自然を人間に適したものに変えることを、そう呼ぶのである。

しかし、人間は数千年もかかって、この地球の気温を、温室効果とアルベド効果とによって、たかだか一度ほど変えただけである。もちろん、現在、私たちは、石炭や石油などの化石燃料を大量に燃やし、森や草地を広範囲に破壊しつつある。私たちは、わずか一世紀か二世紀のうちに、地球の温度を、さらに一度だけ変えようとしている。

これやあれやを考え合わせてみると、火星を十分に改造するのには、おそらく、何百年も何千年もの時間がかかるだろうと思われる。

将来、技術が大いに進歩すれば、私たちは、火星の大気圧を高くし、水が液体の状態で存在するようにできるばかりでなく、極冠が溶けてできた水を、暖かい赤道地方へ送ることもできるだろう。もちろん、水を送る方法はある。私たちは、運河を建設すればよいのである。

表層の氷や、地下の氷が溶けてできた水は、網の目のような巨大な運河に送られる。パーシバル・ローウェルが誤って運河説を提唱してから、まだ一〇〇年もたっていないが、彼が言ったことが、そのとおりに火星で実現されるのである。

ローウェルもウォレスも、「火星が人間にとってあまり友好的でないのは、水が不足しているからだ」ということを理解していた。もし、網の目のような運河があれば、水の不足は解消できるだろう。そして、火星に人間が住めるようになるだろうと信じることができる。

ローウェルの観測は、きわめて困難な条件のもとで行われた。スキャパレリたちは、それより前に、運河に似たものを観測していた。ローウェルの、死ぬまで続いた火星との恋が始まるまでは、すでに述べたように、それらは「カナリ（すじ）」と呼ばれていた。

人間は、情熱をかき立てられたときには、自分自身をだます才能さえも持っている。となりの惑星に知的な生物が住んでいる、という考えほど、人びとの情熱をかき立てたものは、ほかには、ほとんどないだろう。

ローウェルの考えたことは、一種の予言となるかもしれない。彼の言った運河網は、火星人が建設したものだった。このことも、また、正確な予言となるかもしれない。火星が、いつの日か改造されることがあるとすれば、その改造を行うのは、火星に本籍地と国籍とを持つ人間であろう。火星人とは、私たちのことである。

＊1＝一九三八年にオーソン・ウェルズがこの小説をラジオ・ドラマに仕立て、火星人がイギリスとアメリカ東部を攻撃する筋にして放送したところ、戦争に対して神経質になっていた何百万人ものアメリカ人が、ほんとうに火星人が攻めてきたと勘違いし、大さわぎとなった。

＊2＝アイザック・ニュートンは、こう書いている。
「天体望遠鏡が理論の通りに正しく作られたとしても、その性能には一定の限界がある。なぜなら、私たちは空気の層を通して星を見ているからである。空気はたえずゆれている。……それを避けるただ一つの方法は、厚い雲の上に突き出たもっとも高い山の上のように、空気が穏やかで静かであることだ」

＊3＝バイキングが火星の写真をとったとき、クリュセ平原の小さな石に「B」という大文字が見えるよう

だ、というので、ちょっとした騒ぎが起こった。しかし、のちに調べたところ、光と影が作り出した模様を人間がパターン認識の能力で勝手に「B」と読んだのだ、とわかった。もし火星人たちが、地球人とは異なった、ラテン文字のアルファベットを作り出したとしたら、すばらしいことだと思われる。その騒ぎのとき、私の頭のなかでは、子供のころに知った「バルスーム（Barsoom）」という言葉が、はるかなこだまのように響いていた。

＊4＝火星のピラミッドのうち最大のものは、底面の直径が三キロ、高さが一キロもあり、地球上のシュメール、エジプト、メキシコなどのピラミッドよりもずっと大きい。それらは、古い時代のもので、かなり浸食されている。たぶん、小さな山に、風が何年にもわたって砂粒を吹きつけ、そのため浸食されたのだろう。しかし、それらは、慎重に調べてみる値打ちがある、と私は思う。

6 旅人の物語

世界は数多くあるのだろうか。ただ一つの世界しかないのだろうか。これは、自然の研究のなかで、もっとも気高く崇高な問題である

――アルベルトゥス・マグヌス（一三世紀）

私たちは、退屈な地球から舞い上がり、上空から地球をながめ、自然がみずからの貴重品と装飾品すべてを、このゴミのかたまりである地球に置いたかどうかを見ることだろう。はるかなよその国に旅した人たちと同じように、上空から見れば、私たちのふるさとで何がなされたか、すべてのものをどう正しく評価し、どのような値段をつければよいか、などがよくわかるだろう。地球のように人の住む世界が数多くあり、それらも私たちの地球と同じように飾られている、ということを知れば、私たちは、この世界で偉大であるとされているものを、軽はず

みに称賛したりはしなくなるだろう。また、一般の人たちが愛情を寄せているつまらぬものごとを、気高く見下すようになるだろう

――クリスティアーン・ホイヘンス『発見された天の世界』（一六九〇年ごろ）

惑星に飛ぶロボット

現在は、人間が宇宙の海を旅し始めた時代である。現代の船は、ケプラーの軌道にそって惑星へと飛んでいく。しかし、その船に人は乗っていない。乗っているのは、美しく作られ、なかば知能を持ったロボットである。彼らが未知の世界を探検する。

太陽系の外域の惑星へのそのような旅は、地球上のただ一つの場所で管制されている。それは、アメリカのカリフォルニア州パサデナにある航空宇宙局ジェット推進研究所である。

一九七九年七月九日、ボイジャー2号と呼ばれる宇宙探査機が木星に接近した。惑星間空間をほぼ二年も飛んだうえでのことであった。この探査機は、数百万個の部品を集め、重複安全性の考えに基づいて組み立てられた。つまり、部品のどれかが故障したら、ほかの部品が代役をつとめるように設計されていた。

探査機は八二五キロの重さがあり、広い居間にもはいりきれないくらいの大きさであった。これは、太陽から遠く離れたところまで飛んで行くので、他の探査機のように太陽エネルギーを電源と

して使うことはできない。そのため、ボイジャーには、小さな原子力発電所が積まれた。それは、錠剤の形をしたプルトニウムの放射性崩壊を利用して数百ワットの電気を起こす装置であった。三台のコンピューターや、探査機の温度調節などの雑用をする装置は、探査機のまん中にある。地球からの指令電波を受け取ったり、観測データを地球へ送ったりするのは、直径約三・七メートルの大きなおわん形アンテナである。

科学観測装置の大部分は、走査台に積んである。この走査台は、探査機が木星やその衛星の近くを通りすぎるとき、それらのほうを向くようになっている。

科学観測装置は数が多い。紫外線と赤外線のスペクトル計、荷電粒子や磁場、木星が出す電波を測定する計器などだ。しかし、もっとも大きな収穫をあげたのは、二台のテレビカメラだった。それは、太陽系の外域にある島のような惑星の写真を何万枚もうつすように設計されていた。

木星のまわりには、きわめて危険な高エネルギー荷電粒子の、目に見えない殻がある。それは、いわゆる放射線帯だが、ボイジャーは、木星とその衛星のクローズ・アップ写真をとり、さらに土星に向けて飛んで行くために、この放射線帯の外側のはしを通り抜けなければならない。

しかし、放射線帯の荷電粒子は、探査機の繊細な機器をこわし、電子装置を焼きつかせる危険がある。

木星は、また、固体のかけらが集まった輪を持っている。それは、四カ月前にボイジャー1号が発見したものだった。ボイジャー2号は、その輪のなかを横切らなければならなかった。

もし、小さな石ころが探査機にぶつかると、探査機は制御不能なあらっぽい回転を始め、アンテナを地球のほうに向け続けることができなくなる。そうなれば、観測データは、永久に入手できなくなる。

探査機が木星に近づく直前、飛行管制官たちは、落ちつかなかった。何度か警報が発せられ、緊急事態もあったけれど、地球上の人間と宇宙のロボットとが知恵を出しあって、危機を回避した。ボイジャー2号は、一九七七年八月二〇日に打ち上げられた。それは、弧を描く軌道を進み、火星の軌道や小惑星帯を通過し、木星に接近した。そして、木星と、そのまわりの一四個ほどの衛星のあいだを縫うようにして進んだ。

木星の近くを通過したとき、ボイジャーは木星の引力によって、土星に接近する軌道へと向きを変えられ、加速された。それは、土星の引力によっても加速され、天王星のほうへと向かう。天王星をすぎると、海王星を通りすぎて、太陽系の外へと飛び出していく。そして、恒星間探査機となって、恒星のあいだの巨大な大洋を永遠にさまようことになる。

人間の歴史に、特徴あるすばらしい出来事が数多くあるなかで、このような探検と発見の旅が始まったのは、最近のことである。

一五世紀と一六世紀には、スペインからアゾレス諸島（訳注＝ポルトガルの西方一五〇〇キロほどの大西洋中にある）まで行くのに、数日かかった。現在、私たちは、同じくらいの日数で、地球と月の間の海峡を越えている。

当時、大西洋を越えて、新世界と呼ばれたアメリカ大陸まで行くのには、数カ月かかった。今日、太陽系内域の大洋を越えて、私たちを待つ文字通りの新世界、火星と金星に到達するには、やはり数カ月かかる。

一七世紀と一八世紀には、オランダから中国まで旅するのに、一年か二年かかった。それは、ボイジャーが地球から木星まで飛ぶのに要した歳月と同じである。[*1] そのような旅行にかかった年間経費は、昔のほうが今よりもやや多かったが、どちらの場合も、それは、国民総生産（GNP）の一パーセント以下だった。

ロボットの乗組員を乗せた、私たちの現在の宇宙船は、人間自身による将来の惑星探検の露払いであり、先兵である。だが、私たちは、同じやり方で前にも旅したことがある。

オランダ人の活躍

一五世紀から一七世紀にかけては、歴史の大きな曲がり角であった。この時期に、私たちは、地球のあらゆる場所に出かけて行けることが明らかになった。ヨーロッパの数カ国から、勇敢な帆船が、すべての大洋へと散っていった。このような航海は、さまざまな動機に基づくものだった。野心、強欲、国家の威信、宗教的な熱狂、罪人の赦免、科学的好奇心、冒険への渇望、スペイン西部のエストレマドゥーラ地方での失業……などが、航海に出る動機となっていた。

航海者たちは、善いこともしたし、悪いこともした。しかし、全体としては、地球を一つに結びつけ、偏狭な心を弱め、人類を統一し、地球全体と私たち自身についての知識を力強く前進させた。帆船による探検と発見の時代の代表選手は、革命で誕生した一七世紀のオランダ連邦共和国であった。強力なスペイン帝国からの独立を宣言したばかりのオランダは、そのころのどこの国よりも、ヨーロッパの啓発時代に深くかかわった。オランダは、合理的で秩序があり、創造的な社会であった。

しかし、スペインの港や船は、オランダとの貿易を拒否していた。そのため、この小さな共和国は、経済的に生き延びるために、商業用の帆船をみずから建造する能力に賭け、それに人を乗せ、大船隊を組んで航海する以外になかった。

半官半民のオランダ東インド会社は、世界のはるかな片すみまで船を送り、めずらしいものを手に入れてきて、それをヨーロッパで高く売って利益をあげた。そのような航海は、オランダ連邦共和国の、いのちを支える血液のようなものであった。海図や航路図は、国家機密とされていた。帆船は、しばしば密命をおびて出港した。

突然、オランダ人たちは、地球のあらゆるところに現れた。北極海のバレンツ海や、オーストラリアのタスマニア島などは、オランダの船長の名前をとって名づけられたものであった。このような遠洋航海は、商業を目的とすることが多かった。しかし、単にそれだけの企てではなかった。

そこには、科学的冒険と、新しい大陸、新しい植物や動物、新しい人たちを発見したいという熱情とがあった。それは、知識そのもののために、知識を探究しようという熱意であった。

アムステルダムの市庁舎は、一七世紀のオランダの自信に満ちた不朽の自画像といってよい。それは、何隻もの船で大理石を運んできて建設された。

当時の詩人であり外交官であったコンスタンティン・ホイヘンスは、この庁舎は「ゴシック建築のごたごたしたむさ苦しさ」を追放したと述べた。この市庁舎には、今日でもギリシャの神アトラスの像がある。それは、星座の描かれた天球を支えている。その下のほうには、正義の女神が、金の剣とてんびんとを持って、死の神と罰の神とのあいだに立っている。そして、女神は、足の下に、商売の神である強欲の神とねたみの神とを踏みつけている。オランダ人たちの経済は、個人的な利益を基盤としたものだった。しかし、無制限な利益の追求は、国家の精神に脅威をもたらすことを、彼らは理解していた。

アトラスと正義の神の下のほう、市庁舎の床には、あまり寓話的ではないものが描かれている。それは、象眼細工で描かれた大きな地図だ。おそらく一七世紀の末か、一八世紀の初期のものだろう。この地図には、西アフリカや太平洋も描かれている。全世界がオランダの舞台だったのだ。そして、オランダ人たちは、このヨーロッパ地図のその部分には、オランダとは書かず、古いラテン名のベルギーとだけ書いた。無邪気な謙虚さがそうさせたのだろう。

当時は、毎年、数多くの船が、地球を半周するところまで出かけて行った。アフリカの西海岸にそって、彼らがエチオピア海と呼んだところを南下し、アフリカの南岸をめぐり、マダガスカル海峡を抜けて、インドの南端をかすめ、彼らが最大の関心を寄せていた、現在インドネシアに属している香料諸島へと航海した。

いくつかの遠征隊は、そこからさらに「新オランダ」という名の陸地へ航海した。そこは、いまのオーストラリアである。少数のオランダ人たちは、マラッカ海峡を抜け、フィリピンを通って中国に達した。一七世紀の中ごろの文書には「オランダ連邦東インド会社から中国の皇帝への使節」についての説明がある。オランダの市民であった大使たちや船長たちは、清国の首都・北京で、もう一つの文明と対面して、驚きのあまり目を瞠《みは》った。*2

知識人のいこいの港

当時、オランダは世界の大国であった。それ以前にも、それ以後にも、オランダは、そのような力を持ったことがない。オランダは小さな国であり、知恵に頼って生きてゆかなければならなかった。したがって、その外交政策は、平和主義的な傾向が強かった。

オランダは、正当でない意見に対しても寛大だったので、ヨーロッパのほかのところから検閲や思想統制をきらって逃げてくる知識人たちがあった。彼らにとって、そこは、いこいの港であった。それは、一九三〇年に、ナチスの支配するヨーロッパから逃げてくる知識人たちをアメリカ合衆国が受け入れて、大いに得をしたのと、よく似ている。

一七世紀のオランダには、アインシュタインが尊敬した偉大なユダヤ人哲学者スピノザや、数学史と哲学史のなかの中心的人物であるデカルトや、政治学者のジョン・ロックたちが住んでいた。

ジョン・ロックは、ペイン、ハミルトン、アダムス、フランクリン、ジェファーソンらのような、哲学的な傾向をもつ革命家たちに影響を与えた。

後にも先にも、オランダが、このような芸術家、科学者、哲学者、数学者の銀河によって飾られたことはない。それは、偉大な画家であるレンブラント、フェルメール、フランス・ハルス、顕微鏡を発明したレーウェンフック、国際法の創始者グロチウス、光の屈折の法則を発見したヴィレブロルト・スネルらの時代であった。

思想の自由を大切にするオランダの伝統に従って、ライデン大学は、イタリアのガリレオに教授のポストを与えることにした。彼は「地球が太陽のまわりをめぐっているのであって、その逆ではない」と主張していたが、この異端の説を捨てないと拷問にかけると、カトリック教会からおどされていた。[*3]

ガリレオは、オランダと密接な関係を持っていた。彼が作った最初の天体望遠鏡は、オランダで設計された携帯望遠鏡を改造したものだった。それを使って、ガリレオは、太陽の黒点や、金星の満ち欠け、月のクレーター、木星の四つの大きな衛星などを発見した。このうち木星の四つの衛星は、彼の名をとって「ガリレオ衛星」と呼ばれている。

彼は、自分が教会から受けた苦痛のことを、一六一五年に大公妃クリスチーナにあてた手紙のなかに、みずからつぎのように書いている。

妃殿下もご存じのように、私は、数年前に、これまでだれも見たことのないものが、数多く天界にあることを発見しました。これらのものは新しいものであり、また、それから導き出された結論は、学界の哲学者たちがひろく信じている物理学の考えと矛盾していたため、少なからぬ教授たち（多くは教会の教授たち）が、私に反対するようになりました。……まるで、私が、自然をひっくり返し、科学を打倒するために、それらのものを自分の手で天に置いたかのように言うのです。知られている真理の数が増えれば、学芸を研究し、それを確立し、発展させるための刺激になる、ということを彼らは忘れているようです。*4

ホイヘンス家の父と子

探検好きな大国としてのオランダと、知識と文化のセンターとしてのオランダとの間の関係は、非常に強かった。帆船の改良は、あらゆる種類の技術の進歩を促した。人びとは、自分の手を使って働くことを楽しんだ。発明は称賛された。技術が進歩するためには、完全に自由な知識探究が必要であった。そのため、オランダは、ヨーロッパのなかで、もっとも多くの本を出版し、もっとも多くの本を売った。外国語で書かれた本は翻訳され、よそで禁じられた書物の出版も許された。見知らぬ土地への冒険航海や、めずらしい社会との出会いは、安らかな自己満足をゆるがした。思想家たちは、広く信じられていた知識を考え直さなければならなくなり、たとえば、地理学の知識のように、何千年ものあいだ受け入れられてきたものも、根本的にまちがっていることが明らかになった。

世界の多くの国が、王や皇帝によって治められていた時代に、オランダ連邦共和国は、ほかのどの国よりも人民によって治められていた。社会は開放されており、精神生活が奨励され、物質的にも豊かであり、探検を行い、新しい世界を利用した。そのような気風があったので、人びとは、自分たちの企てに自信を持ち、それを楽しんでいた。[*5]

一方、イタリアでは、ガリレオが「地球以外にも世界がある」と発表し、ジョルダーノ・ブルーノは「ほかの世界にも生物がいる」と考えていた。それゆえに、彼らは残酷な仕打ちを受けなければならなかった。

しかし、オランダでは、その二つをともに信じていた天文学者クリスティアーン・ホイヘンスに、尊敬の目が集まっていた。彼は、当時のきわめてすぐれた外交官コンスタンティン・ホイヘンスの息子であった。父のコンスタンティンは、文学者でもあり、詩人、作曲家、演奏家でもあった。彼は、イギリスの詩人ジョン・ダンの親しい友でもあり、彼の詩の翻訳もした。そして、また偉大な家族の長でもあった。

コンスタンティンは、画家のルーベンスを尊敬していた。そして、レンブラント・ファン・レインという名の若い画家を「発見」した。それで、彼は、レンブラントの数枚の絵のなかに描かれている。

デカルトは、コンスタンティン・ホイヘンスに初めて会ったあと、彼について「ひとりの人間が、これほどのことを知り、しかも、そのすべてについて、これほど深く知っているとは、とても信じられないことだ」と書いている。

ホイヘンスの家は、世界各地のもので埋まっていた。外国のすぐれた思想家たちが、しばしば彼の家を訪れた。

クリスティアーン・ホイヘンスは、このような環境のなかで育ったので、若いころから、外国語、絵、法律、科学、技術、数学、音楽などの知識と技能とを広く身につけていた。彼の興味と関心は幅広く、いろいろなものにおよんでいた。「世界は私の国である」「科学は私の宗教である」と、彼は言っている。

光の粒子説と波動説

光は、この時代の主題であった。光は、思想や宗教の自由、地理学上の発見などを示すシンボルであったし、この時代の絵、とくにフェルメールの優雅な絵には、光が満ちあふれていた。光は、スネルの屈折の研究やレーウェンフックの顕微鏡の発明、ホイヘンスの光の波動理論[*6]などが示しているように、科学的な研究の対象でもあった。

それらは、すべて、たがいに関連があった。フェルメールの描く室内は、航海の道具や、壁掛け地図などでいっぱいだった。顕微鏡は、応接室に置いておき、人びとの好奇心を満足させるものだった。レーウェンフックは、フェルメールの土地の管理人でもあり、ホフウェイクにあったホイヘンスの家も、しばしば訪れた。

レーウェンフックの顕微鏡は、服地屋が布の質を見るのに使っていた虫メガネを進化させたものだった。その顕微鏡を使って、彼は一滴の水のなかに、一つの世界を発見した。そこには微生物がいた。彼は、それを「極微動物」と呼び「かわいらしい」と思った。

ホイヘンスは、最初の顕微鏡の設計に力を貸し、自分もそれを使って、数多くのものを発見した。レーウェンフックとホイヘンスとは、人間の生殖の前提となる精子を、史上初めて見た人たちであった。

前もって煮沸滅菌した水のなかにも、ゆっくりと微生物が発生してくるが、それを見たホイヘンスは「彼らは小さいので空気中を漂ってきて、水の上に落ちたあと繁殖するのだ」という説を唱えた。当時は、発酵するブドウの汁や、腐った肉のなかでは、前から存在する生物とはまったく別に、新しい生物が発生してくると考えられていた。これを、生物の自然発生説というが、ホイヘンスは、それに代わる説を打ち出したのだった。

しかし、ホイヘンスの考えたことが正しいと証明されたのは、二世紀あとのルイ・パスツールの時代になってからだった。

アメリカの探査機バイキングによる火星生物探索は、ある意味でレーウェンフックやホイヘンスにまでさかのぼることができる。彼らは、細菌病因説の祖父であり、現代医学の大きな部分の祖父でもある。

だが、彼らの心のなかには、実用的なものをめざす気持ちはなかった。彼らは、技術の世界には、ほんのちょっとしか足を踏み入れなかった。

土星の輪などを発見

一七世紀のオランダで開発された顕微鏡と望遠鏡とは、人間の視力を拡大し、きわめて小さなものの世界と、非常に大きなものの世界とを見ることができるようにした。原子と銀河の観測は、この時代に、ここで始められた。

クリスティアーン・ホイヘンスは、天体望遠鏡のためのレンズを削ったり、みがいたりするのが好きで、長さ五メートルの天体望遠鏡を作った。その天体望遠鏡を使って、彼は、いろいろなものを発見したが、それによって、彼は、人類の歴史のなかに不動の地位を築いた。

彼は、エラトステネスの足跡を追って、はじめて、地球以外の惑星の大きさを測定した。彼は、また「金星は雲にすっぽりと覆われている」とはじめて考えたし、火星の表面の特徴をはじめて図に描いた。それは、風に吹き荒らされた暗い斜面「大シルティス」であった。彼は、火星の自転によって、そのような特徴のある模様が現れたり消えたりするのを観測して、火星の一日が、二四時間ほどであることを、はじめて明らかにした。土星に輪があり、その輪は、土星のどこにもくっついていないことを、彼ははじめて観測した。[*7] そして、彼は、土星の最大の衛星であるタイタンも発見した。それは、現在のところ、太陽系のなかで最大の衛星であり、きわめて興味深く、将来性に富んでいる。

　このような発見の大部分は、彼が二〇代のころになしとげたものだった。そして、彼は「占星術は無意味である」と考えていた。

　ホイヘンスは、もっと多くのことをなしとげた。彼の時代の航海術にとって、もっとも重要な問題は、どうやって経度を知るか、ということだった。緯度は、星の観測によって容易に知ることができる。南に行けば行くほど、南の星座がよく見えるようになる。しかし、経度を知るには、時の経過を正確に知らなければならない。もし、船上に正確な時計があれば、自分の母港における時刻を知ることができる。遠くへ航海したとき、太陽や星が水平線から上ったり、水平線に沈んだりするのを観測すれば、その船での時刻がわかる。この二つの時刻の差から、経度を算出する。

　振り子時計の原理は、すでにガリレオが発見していたが、ホイヘンスは、実際に使える振り子時計を発明した。それは、当時、船が大洋のまっただなかに出たとき、自分の位置を算出するのに使われた。ただし、いつもうまくいったわけではない。

　しかし、彼のこのような努力によって、天文学やそのほかの科学の観測や航海用の時計は、かつてないほど正確なものになっていった。

　彼は、ゼンマイも発明した。それは、今日でも時計に使われている。そのほか、たとえば、遠心力の計算法を考え出したりして、機械学にも重要な貢献をしたし、サイコロ遊びの研究から確率論も編み出した。

彼は、空気ポンプも改良した。それは、のちに鉱山業の革新に役立った。また、彼は「魔法のランタン」も発明した。これは、今日のスライドプロジェクターの祖先にあたるものであった。彼は「火薬エンジン」と呼ばれる機械も発明した。これは、のちの「蒸気機関」の開発に影響をおよぼした。

地球は一つの惑星であり、太陽のまわりをめぐっている、というコペルニクスの見解が、オランダでは、広くふつうの人たちにも受け入れられていた。ホイヘンスは、そのことを喜んでいた。事実、彼は「コペルニクスの見解は、ほとんどすべての天文学者が認めている」と言い、「認めていないのは、頭の回転が遅い天文学者か、ただの権威者が押しつけた迷信の影響を受けている天文学者だけだ」と述べている。

中世の時代には、キリスト教の哲学者たちは、よくつぎのようなことを言った。「天は、地球のまわりを一日に一回めぐっている。したがって、天が無限の遠くまで続いている、などということは、ほとんどあり得ない。だから、地球のほかに無数の世界があるとか、多数の世界があるとか(もう一つ別の世界があるとか)いうことは不可能である」と。

天がめぐっているのではなく、地球が回っているのだ、という発見は、地球の独自性と、ほかの世界にも生物がいるかもしれないという考えとに、重大な影響をおよぼした。

コペルニクスは「太陽系だけでなく、宇宙全体が太陽のまわりをめぐっている」と主張した。ケプラーは「恒星のまわりにも惑星があるだろう」という考えを否定した。「たくさんの太陽のまわりの軌道には、多数の、いや無数の惑星がある」という考えをはじめて明確に唱えたのは、ジョルダーノ・ブルーノだったと思われる。

しかし、ほかの人たちは、世界がいくつもあることは、コペルニクスやケプラーの説から、すぐに出てくるものだと考えて、愕然《がくぜん》とした。

ロバート・マートンは、一七世紀の初めに「太陽中心の仮説は、ほかにも数多くの惑星系が存在することを意味しているが、しかし、それは『不合理な推論』と呼ばれる種類の議論であって、最初の仮定が間違っているのだ」と主張した。

彼は、すでにいったんは枯れはてたと思われるような議論を展開し、つぎのように書いている。

もし天空が、コペルニクスの巨人たちの持ち物のように、ほかに比べるものもないほど大きく、無数の星に満ち、無限のひろがりを持つものならば、天空に見える星たちは、それぞれ数多くの太陽であり、それぞれ一つの特別な中心となり、太陽が自分のまわりに踊り子を従えているように、ほかの太陽たちも家来の惑星たちを従えていることだろう。したがって、その結果、人の住む世界が無数にある、ということになる。私たちは、そのように想像することができるし、このような考えを、何が妨げるだろうか。……ケプラーやその他の者どもが主張する地球の運動をいったん認めてしまうと、以上のような、無礼で大胆で、異常な、矛盾に満ちた推論に到達せざるを得ない。

生物のいる惑星を想像

それでも地球は動いている。もしマートンが今日、生きているならば、「人の住む世界が無限にある」と推論せざるを得ないだろう。

ホイヘンスは、このような結論が出ても、決してひるまなかった。彼は、喜んでそのような結論を受け入れた。宇宙の大洋のかなたにある恒星たちは、それぞれ太陽なのだ。

私たちの太陽系から類推して、ホイヘンスは「あの恒星たちもそれぞれ惑星を持っており、その惑星の多くには、生物が住んでいるだろう」と考えた。「もし、ほかの惑星が、巨大な砂漠以外の何物でもなく……、設計者である神の力を端的に示す生物もそこにはいないと、私たちが考えるなら、それは、そのような惑星は、美しさにおいても、神性においても、地球より劣っているとみなすことになる。それは、きわめて不合理なことである」[*8]。

このような考えは、勝利をたたえるような題目の途方もない書物『発見された天の世界――惑星世界とその住人、植物ならびに産物に関する新しい考察』という本のなかで述べられている。この本は、ホイヘンスが死ぬ少し前の一六九〇年に編集され、多くの人たちに称賛された。ロシアのピョートル大帝も大いに感心し、この本をロシアでも出版させたが、それは、ロシアで出版された西側の科学の本としては最初のものであった。

この本の大部分は、惑星の自然や環境について論じたものであった。美しく作られた初版本の図のなかには、巨大な惑星である木星、土星と太陽とを同じ縮尺で示したものがあるが、それらは比較的小さく描かれている。そのほか、地球と土星とを並べた図もある。地球は小さな円として描かれている。

ホイヘンスは、ほかの惑星の環境や住民も一七世紀の地球におおむね似ていると想像していた。彼は「惑星人」について考え、「からだ全体も、からだの各部分も、私たちのからだとは、まったく違っているかもしれない。……しかし、それは、非常にこっけいな意見である。……私たちと違った形のからだのなかに合理的な魂が宿ることは不可能だ」と書いている。

もちろん、彼は「奇妙なからだをしていても、利口なことはあり得る」と述べている。しかし、彼は一歩進めて「とはいっても、あまりに奇妙なかっこうはしていないだろう」と主張した。「彼らも、手と足を持ち、まっすぐ立って歩き、文字を書き、幾何学もやっているだろう。木星の場合は、四つのガリレオ衛星があり、木星の海を航海する船乗りたちの航法の助けになっているだろう」と書いている。ホイヘンスも、やはり、時代の子であった。だが、私たちのなかに、時代の子でない人がいるだろうか。

彼は「科学は私の宗教だ」と主張した。そして「さまざまな惑星には生物が住んでいるに違いない。そうでなければ、神は何の目的もなく惑星を創ったことになる」と述べた。彼は、ダーウィンよりも前の時代の人間だったから、地球以外の生物についての彼の考えには、進化論的な見方はまじっていない。

しかし、彼は、観測に基づいて、現在の宇宙観に近い考えを発展させることができた。

宇宙の壮大な広さのなかに、私たちは、何とすばらしい、目を瞠るような体系を持っていることか。……数多くの太陽、数多くの地球、……そして、そのすべてに、草があり木があり、動物がいる。それらは、多くの海や山で飾られている。……そこまでの、はるかな距離と、恒星の数の多さを考えると、私たちの驚きと感嘆とは、どれほど大きくなることか。

木星の四つの大衛星

宇宙探査機ボイジャーは、そのころ探検航海に出た帆船の直系の子孫であり、クリスティアーン・ホイヘンスの科学的な思考法の子孫でもある。ボイジャーは、恒星に向かう帆船であり、その道すがら、ホイヘンスがよく知り非常に愛した惑星世界を探検する。

何世紀も前、探検航海に出た帆船が持ち帰ったいちばんの宝は「旅人の物語」[*9]であった。つまり、見なれぬ土地と珍しい生物たちの物語であった。それは、私たちの好奇心をかき立て、冒険心を刺激した。

空に届くような山の話もあった。竜や海の怪物の話もあった。毎日使われる金でできた食器、鼻を手の代わりに使う動物、プロテスタントやカトリック、ユダヤ教、イスラム教などの教義についての論争をばかばかしいと思う人たちなどの物語もあった。また、燃える黒い石、胸に口があって頭のない人間、木を食べて育つ羊などの話もあった。

このような話のなかには、本当のこともあったし、うそもあった。もとは本当の話だったのに、探検した人や話を聞いた人が誤解したり、誇張したりしたものもあった。

このような話を、たとえばボルテールやジョナサン・スウィフトなども取り上げ、その結果、ヨーロッパの社会に新しい見方がもたらされた。人びとは「島のような世界」という古い考えを、改めなければならなくなった。

現代の探査機ボイジャーも、私たちに「旅人の物語」をもたらしてくれる。それは、こわれた水晶玉のような世界の話であり、北極から南極までクモの巣のようなものに覆われた世界、ジャガイモのような形をした小さな衛星、地下に大洋を持つ世界、腐った卵のようなにおいのする、ピザパイのような陸地や、溶けた硫黄の湖があり、煙を宇宙へ直接噴き出す火山もある世界……などの話である。

そして、巨大な木星の物語である。この惑星は、実に大きく、それに比べれば、地球は、まるで小人である。木星のなかには地球がなんと一〇〇〇個も納まってしまう。

木星の「ガリレオ衛星」（訳注＝木星の一六個の衛星のうち四つは特に大きく、ガリレオが一六一〇年に発見した）は、水星とほとんど同じくらいの大きさである。私たちは、それらの衛星の大きさと質量とを測定することができ、それらの密度を計算することもできる。密度がわかれば、それらの衛星の内部がどのようなものでできているかが、いくらかわかる。

このうちイオとエウロパの二つの内部は、岩石と同じくらいの大きな密度を持っている。外側の二つの衛星、ガニメデとカリストとは、密度が相当に小さく、それは、岩石と氷との中間くらいである。

しかし、外側の二つの衛星のなかが氷と岩石の混合物とするならば、その混合物のなかには、地球の岩石と同じように、微量の放射性鉱物が含まれていることだろう。その放射性鉱物は、まわりのものを熱する。数十億年にわたって蓄積されたその熱は、衛星の表面へのぼってきて宇宙へ逃れるすべを持たない。

したがって、ガニメデとカリストの内部の放射性鉱物は、なかの氷を融かしてしまったに違いない。だから、この二つの衛星の地下には、どろどろの雪と水とが混じった海がある、と私たちは予想した。

ガリレオ衛星のクローズ・アップ写真を見る前に私たちが考えていたのは「この四つの衛星は、たがいに、ひどく違っているかもしれない」ということだった。

ボイジャーの目で、実際にこれらの衛星をくわしく観測したところ、この予言は正しかったことが確認された。それらは、たがいに似てはいなかった。それらは、私たちがその時までに見たどの世界とも違っていた。

エウロパのしま模様

ボイジャー2号は、地球には決して戻ってこない。しかし、その科学的な観測データ、そのすばらしい発見の数々、その「旅人の物語」は、地球に届けられる。たとえば、一九七九年七月九日。この日の午前八時四分（アメリカ太平洋岸標準時）、古いヨーロッパにちなんでエウロパと名づけられた新世界の最初の写真が、地球上で受信された。

そのような写真は、太陽系の外域からどのようにして送られてくるのだろうか。

エウロパは、木星のまわりの軌道をめぐりながら、太陽の光を受けて輝いている。その太陽光線の一部は、エウロパの表面で反射されて宇宙に戻ってくる。その反射光が、ボイジャーのテレビカメラのなかに入り光電素子に当たって画像を作り出す。この画像は、ボイジャーのコンピューターで読み取られ、電波にのせて発信される。その電波は、五億キロほどの、たいそうな距離を飛んで、地球の電波望遠鏡に達する。地上の受信局は、スペインに一つあるほか、アメリカのカリフォルニア南部のモハーベ砂漠と、オーストラリアとに一つずつある。

一九七九年七月の朝には、オーストラリアの電波望遠鏡が木星とエウロパのほうを向いていた。得られた情報は、地球のまわりの軌道上にある通信衛星の中継によって、オーストラリアからカリフォルニア南部の受信局へ送られた。そこからは、マイクロ波中継によってジェット推進研究所のコンピューターに送られ、そこで処理された。

写真は、基本的には、新聞の電送写真と同じである。一枚の写真は、一〇〇万個ほどの、濃淡さまざまな灰色の点で構成されている。それらの点は非常に小さく、おたがいにきわめて近くにあるので、少し離してみると、点は見えない。私たちは、点が集積した結果を画面として見るのである。探査機から送られてくるのは、個々の点がどれくらい明るいか暗いか、という情報である。それぞれの点の情報は、コンピューターで処理されたあと、音楽のレコードに似た形の磁気ディスクに貯蔵される。

ボイジャー1号は、木星とその衛星写真を一万八〇〇〇枚ほどうつしたが、それらは、そのような磁気ディスクに貯蔵された。ボイジャー2号も、同じ枚数の写真をとった。

このようなすばらしい連絡と中継の最終的な産物は、一枚の薄い光沢紙にうつされた写真である。この場合、その写真は、エウロパの驚異を示していた。それは人類史上初めて、記録され、現像され、調べられたエウロパの写真だった。その記念すべき日は、一九七九年七月九日であった。

私たちは、そのような写真によって、まことに驚くべきものを見た。ボイジャー1号は、ほかの三つの「ガリレオ衛星」については、すばらしい写真をとった。しかし、エウロパの写真は、あまりよくなかった。エウロパの最初のクローズ・アップ写真は、ボイジャー2号にまかされたが、できあがった写真では、直径数キロのものまで識別することができた。

ちょっと見たところ、エウロパには、火星の運河によく似た模様があった。運河は、パーシバル・ローウェルが火星を飾るために想像したもので、宇宙探査機の調査によって、現実には存在しないことが、いまやはっきりとわかっている。エウロパには、直線や曲線が複雑に交差した、驚くほど複雑な網目の模様があった。これらは、隆起した山脈だろうか。それとも、陥没した谷なのだろうか。どのようにしてできたのだろうか。

衛星自体が膨張したり収縮したりしたためにこわれてできた地質構造的なものなのだろうか。地球のプレート・テクトニクス（訳注＝地球の表面は厚さ約一〇〇キロのいくつかの岩盤で覆われており、その岩盤がたえず移動して火山や地震の原因になっているという学説）と関係のあるものだろうか。木星のほかの衛星とはどんなつながりがあるのだろうか。

すぐれた技術によって、それらが発見されたとき、驚きが生まれた。しかし、その驚きは人間の脳という別の装置によって解明されることになる。

エウロパは、それらの線の網目のところ以外は、玉突きの玉のように、なめらかである。衝突クレーターもない。それは、隕石《いんせき》などが衝突したさい、熱が発生し、表面の氷が融けて流れたためだろう。線のように見えるのは、氷のひび割れかみぞだと思われるが、どのようにしてできたかについては、ボイジャー計画の後、いまもまだ議論が続いている。

木星への飛行の日誌

もし、ボイジャーに人が乗っていたら、船長は、飛行日誌をつけるだろう。ボイジャー1号と2号の出来事を総合してみると、その日誌は、つぎのようになったことだろう。

◇第一日＝装置や機械が故障を起こしているかのように思われ、ひどく心配したが、私たちは、ケープ・カナベラルから無事に飛び立ち、惑星と恒星へ向けての長い旅を始めた。

◇第二日＝科学観測走査台を支えている棒がうまく伸びない。もし、この問題が解決されなければ、私たちは、写真もほとんどとれないし、科学観測もほとんどできない。

◇第一三日＝私たちは、振り向いて、地球と月とを一枚の写真に納めた。二つを同時に写したのは、これがはじめてだった。地球と月は美しいペアである。

◇第一五〇日＝軌道修正のためのロケット噴射。順調。

◇第一七〇日＝いつも通りの船内雑用のみ。なにごともない日が数カ月も続いている。

◇第一八五日＝木星の予備的な写真の撮影に成功。

◇第二〇七日＝支持棒の問題は解決した。しかし、主発信器が故障。補助発信に切り替え。もし、これが故障したら、地球の人びとは、私たちの声を二度と聞くことができなくなるだろう。

◇第二一五日＝火星の軌道を横切った。火星そのものは、太陽の向こう側にいた。

◇第二九五日＝私たちは、小惑星帯に入った。ここには、大きな岩石がたくさんあり、回転しながら飛んでいる。ここは、宇宙の海の浅瀬であり、暗礁である。その浅瀬や暗礁の大部分は、海図にも記されていない。したがって、見張り役を立てた。衝突しないようにしたいものだ。

◇第四七五日＝私たちは、小惑星帯の中心から安全に出ることができた。無事でなによりだ。

◇第五七〇日＝天に見える木星がだんだん大きくなっていく。地球上のどんな天体望遠鏡で見るよりも、ずっとこまかな点まで見えるようになってきた。
◇第六一五日＝木星の巨大な気象系、変化する雲などが、私たちの目の前で自転している。それを見ていると、うっとりしてしまう。この惑星は巨大である。これは、ほかのすべての惑星を集めたものに比べて、二倍以上の大きさである。木星には山も谷も火山も川もない。陸地と空の境もない。濃いガスと、そこに浮かぶ雲だけの巨大な海にすぎない。固体の表面を持たない世界なのだ。私たちが見ることのできるのは、木星の空に浮かんでいるものだけだ。
◇第六三〇日＝木星の気候は、いまも、すばらしいながめだ。このどっしりした世界は、一周一〇時間以下で自転している。大気の急激な運動は、この速い自転の力や、太陽光線、木星内部から噴き出てくる熱などによるものだ。
◇第六四〇日＝雲の形は、はっきりしており、目がさめるほどきれいである。それは、ビンセント・ファン・ゴッホの『星降る夜』や、ウィリアム・ブレイク、エドバルド・ムンクらの作品を思い出させる。しかし、それは、ほんのわずか似ているだけだ。どんな画家も、このようなものを描いたことはない。なぜなら、画家は、これまで一人も地球を離れたことがないからだ。地球上に捕らわれている画家たちは、だれも、これほど奇妙で、しかもすばらしい世界を想像したことはなかった。
木星に近づいてみると、色とりどりのしま模様を見ることができる。白い帯は、高い雲だと思われる。おそらくアンモニアの結晶でできているのだろう。茶色の帯は、深くて熱い場所だろう。そこでは大気が下降しているのだろう。青いところは、雲のなかにあいた深い穴であることが明らかだ。その穴から私たちは、晴れた大気を見ているのだ。

木星には、赤っぽい雲もあるが、なぜ赤いのか、という理由は、まだわからない。それは、リンや硫黄の化合物のせいかもしれないし、あるいは、木星大気のなかのメタン、アンモニア、水などが、太陽からの紫外線で分解され、再結合してできた有機物質の明るい色のせいかもしれない。そうだとすれば、木星の色は、四〇億年前に地球で生命が誕生したとき、どのような化学的な出来事があったかを私たちに語りかけていることになる。

◇第六四七日＝大赤斑が見える。まわりの雲よりもずっと高いところまで突き出た気体の柱である。このなかには、地球が六個もはいる。おそらく、深いところでできたり、濃縮されたりした複雑な分子が上昇してくるので赤く見えるのだろう。それは、一〇〇万年ほど前からある大暴風なのかもしれない。

◇第六五〇日＝木星にもっとも近づいた。驚きずくめの一日だった。木星の放射線帯は危険なのだが、さいわい、偏光計が損傷しただけですんだ。私たちは、最近見つかった輪の平面も横切った。輪の粒子や石ころとは、ぶつからずにすんだ。それから、衛星アマルテアが見えた。これは、小さな赤い衛星で、細長い形をしており、放射線帯のまん中を飛んでいる。続いて、さまざまな色をした衛星イオが見え、エウロパの直線の模様、ガニメデのクモの巣のような模様、カリストの何重もの周壁を持った巨大な盆地なども見えた。私たちは、カリストのわきを通り、木星の衛星のなかでもっとも外側にある木星13の軌道を横切った。私たちは木星を離れる。

◇第六六二日＝粒子測定器と磁場測定器は、私たちが木星の放射線帯を離れたことを示している。木星の引力が、私たちの宇宙船を加速してくれた。私たちは、ついに木星から逃れ、再び宇宙の海を航行している。

◇第八七四日＝宇宙船の航法計器の一つはカノープス星のほうをいつも向くようにしてあったが、それがずれてしまった。この星は、星座についての伝説によれば、帆船のカジだという。それは、私たちのカジでもある。暗い宇宙のなかで、宇宙船の針路を決めるのに、ぜひ必要な星なのだ。これまでに探検されたことのない宇宙の海のなかで、自分たちの進むべき方向を知るのに、私たちは、この星を使う。私たちは、計器を調整して、再びカノープスをとらえた。光学計器が、ケンタウルス座のアルファ星とベータ星とをカノープスと取り違えたのだ。つぎの寄航港は土星で、そこに着くまでに、あと二年かかる。

壮大なイオの活火山

ボイジャーが送ってよこした「旅人の物語」のなかで、私が好きなのは、ガリレオの四つの衛星のなかでいちばん内側にあるイオについての、いろいろな発見である。[*10] ボイジャーの飛行よりも前に、私たちは、この衛星が、どこか風変わりであることを知っていた。

その表面の特徴を、私たちはほとんど知ることができなかったが、しかし、それは赤い衛星であることは知っていた。極端に赤く、火星よりも赤かった。おそらく、太陽系のなかでは、もっとも赤い天体だろう。しかも、何年ものあいだ観測していると、その衛星では、なにかが起こっているようだった。赤外線の様子が変わり、レーダー電波の反射のようすも変わっているように思われた。

また、木星のまわりの、ちょうどイオの軌道に当たるところに、硫黄、ナトリウム、カリウムなどの原子がドーナツ状に集まっていることも、私たちは知っていた。それらの原子は、イオが放出した物質のように思われた。

ボイジャーが、この巨大な衛星に近づいたとき、私たちは、太陽系のほかの惑星や衛星とはまるで違った、色とりどりの表面を見た。

イオは、小惑星帯の近くにある。したがって、この衛星は、誕生の直後からこれまでずっと、落ちてくる石ころに、どこもかしこも、たたかれているはずであった。数多くの衝突クレーターができたことだろう。

ところが、イオには、ひとつの衝突クレーターも見られなかった。つまり、イオの表面では、クレーターを削り取ったり、クレーターを埋めてしまったりするような、なにかひどく効果的な過程が起こっているにちがいない、ということなのだ。この過程は、大気によるものではあり得ない。なぜなら、イオは引力が小さいので、大気は、ほとんどすべて宇宙空間へ逃げてしまっているからだ。流れる水による変化でもない。なぜなら、イオの表面は寒すぎて、水はすべて氷になるからだ。

イオの表面には、火山の頂上に似た地形がいくつかある。だが、それが火山であるなどとは、とてもいえそうになかった。

ところで、女性の科学者リンダ・モラビトは、ボイジャー航法班の一員として、ボイジャーがいつも正しい軌道にそって飛ぶようにすることに責任を持っていた。そのため彼女は、いつものように、イオの向こうの宇宙空間に散らばる恒星の像をはっきり浮き出させた写真を作るようにとコンピューターに命令した。ところが、驚いたことに、イオの表面から暗黒の宇宙空間に向けて明るい噴煙が立ちのぼっているではないか。そして、それは、まさに、火山があるのではないかと思われていた場所から立ちのぼっていた。

ボイジャーは、地球以外のところにある活火山をはじめて発見したのだ。イオには、ガスや岩石のかけらを噴出している大きな活火山が九つあり、ほかに数百あるいは数千の死火山があることが、これまでにわかっている。

火山の斜面を転がったり流れたりする岩石のかけらや、色とりどりの地形の上空をアーチを描いて飛んでゆく岩石のかけらは、衝突クレーターを覆ってしまってあまりある量である。私たちは、イオの、できたばかりの表面、新鮮な風景を見ているのだ。もし、これを見たら、ガリレオやホイヘンスは、さぞかし驚くことだろう。

イオの火山は、それが発見される前、すでに、スタントン・ピールと、彼の共同研究者たちによって予言されていた。彼らは、近くにある衛星エウロパと巨大な木星の引力によってイオの内部の固体に、どのような潮汐《ちょうせき》現象が起こるかを計算した。その結果、イオのなかの岩石は、放射性物質のためではなく、潮汐現象による摩擦熱のために溶けて液体になっているに違いないと考えられた。

現在では「地下の浅いところに、溶けて液体となった硫黄の海があって、それが噴き出して火山になっているのだろう」と考えられている。固体の硫黄を熱すると、水のふつうの沸騰点より少し高い摂氏一一五度で溶けて色が変わる。温度が高くなればなるほど色は濃くなる。そして、融けた硫黄が急に冷やされると、もとの色のままで固まる。

イオの表面に私たちが見た色の様子は、火山の噴火口からあふれ出た液体の硫黄が、川のようになって流れたり、薄い層をなして火山の斜面を流れたりしたときにできるだろうと予想されるものに、非常によく似ていた。もっとも熱い黒い硫黄は、火山の頂上の近くにあった。その近くの川などには、赤とオレンジ色の硫黄があり、遠く離れた大平原は、黄色い硫黄で覆われていた。

そして、イオの表面は、何カ月かごとに変わる。したがって、イオの地図は、地球上の天気図のように、たえず新しいものを出し続けなければならない。将来、イオを探検する人たちは、そのことをわきまえていなければならないだろう。

イオには、非常に薄いわずかな大気があり、それは主として二酸化硫黄（亜硫酸ガス）でできている。そのこともボイジャーが発見した。しかし、この薄い大気は、たいへん役に立っている。イオは、木星の放射線帯のなかを飛んでいるが、その放射線帯のなかの強烈な荷電粒子からイオの表面を、この薄い大気が十分に護ってくれる。

夜になると温度が下がるので二酸化硫黄は凝縮して、白い霜のようなものになる。したがって、夜には荷電粒子がイオの表面をたたく。イオに行ったら、夜は、地下にもぐって過ごしたほうが賢明である。腐った卵のようなにおいが役に立ち歓迎されるのは、太陽系では、おそらくイオだけだろう。

イオの火山の巨大な噴煙は、非常に高いところまで達しているので、木星のまわりの宇宙空間にも、いろいろな原子をじかに放出している。イオの軌道のところにあって木星を取り巻いているドーナツ形の原子の群れは、おそらく、イオの火山によって作られたものだろう。

これらの原子は、らせん状の道をたどって、しだいに木星のほうに引き寄せられてゆくが、その途中で、イオより内側にある衛星アマルテアに当たり、アマルテアの表面を覆う。アマルテアが赤っぽいのは、そのためかもしれない。

また、イオから噴出された物質が、何回も衝突しあったり凝縮したりして、木星の輪を作るのに役立った、ということも、あり得るだろう。

太陽になり損ねた木星

人間が木星に住む、というのは、いささか想像しにくいことである。ただし、遠い将来には、木星の大気のなかに永久に浮かぶ巨大な気球都市といったものも、技術的には可能だろうと私は思う。

イオやエウロパの、木星に近い側に立って上を見ると、巨大で変化に富む木星が、空の大部分を占めて浮かんでいるのが見える。それは、決して上ったり沈んだりはしない。なぜなら、太陽系のほとんどすべての衛星が、その惑星に対して、いつも同じ顔を向けているからである。ちょうど、地球の月と同じことである。

将来、木星の衛星を探検する人たちに対して、木星はいつまでも、刺激と興奮とを与えてくれることだろう。

太陽系の天体は、星間宇宙の気体とチリとが集まってできたものだ。木星もその例外ではない。はるかかなたの星間宇宙へと吹き飛ばされたり、太陽のほうへと落ちていったりした物質は別として、そこらにあった気体やチリの大部分を木星が獲得した。

もし、木星があと数十倍の質量を持っていたら、木星の内部に集まった物質は核融合反応を始め、自分自身の光で輝き始めたことだろう。太陽系の最大の惑星である木星は、恒星になり損なったのである。

恒星にはなり損なったが、しかし、木星の内部はかなり高温である。木星は、太陽から受け取るエネルギーの、ほぼ二倍のエネルギーを宇宙空間に放出している。赤外線スペクトルを見ると、木星は恒星と考えたほうが正しいとさえ思われる。

もし、木星が可視光線を出す本物の恒星になっていたら、私たちは、今日、二重星または連星と呼ばれる系のなかに暮らしていたはずである。天には二つの太陽があり、夜はまれにしかやってこなかったことだろう。私たちの銀河系のなかには、太陽を二つ持つ惑星系が無数にある。それは、ありきたりの出来事だ、と私は思う。

かりに私たちが、そのような連星系に住んでいたとしたら、私たちは、まちがいなく、そのような環境を、自然なものであり、すばらしいものだと考えたことだろう。

木星の雲の下の、ずっと深いところでは、それより上に横たわる大気の層の重さのため、地球のどのような圧力よりも、はるかに大きな圧力がかかっている。その圧力はきわめて大きいので、水素原子のまわりをめぐっている電子は、はぎ取られてしまい、液体金属水素という、すばらしい物質に変わる。水銀のような、液状の金属に変わるのだが、地球上では、そのような高圧を作り出すことはできていない。したがって、そのような物理的状態の水素は、地球上の研究室では、これまで観測されたことがない（金属水素は、適度な温度のもとで超電導現象〈電気抵抗がゼロになる現象〉を示すのではないか、という希望も持たれている。もし、そのような金属水素を地球上で生産することができれば、電子工学の分野に革命がもたらされるだろう）。

木星の内部は、地球の表面の大気圧の三〇〇万倍ほどの圧力にさらされており、そこは、金属水素の波のさか巻く、まっ暗な大海原である。そのほかには、ほとんど何もない。

しかし、木星の中心部のところには、岩や鉄のかたまりがあるかもしれない。それは、巨大な万力で圧力をかけられた地球みたいなものだ。それは、太陽系のなかで最大の惑星である木星の中心に永遠に隠されたままで、永遠に日の目を見ることはない。

木星のなかの液体金属に流れている電流が、木星の巨大な磁場と、それによって生まれた放射線帯の源なのだろう。その磁場は、太陽系のなかでは最大であり、放射線帯には電荷を持った電子と陽子とが捕らえられている。これらの荷電粒子は、太陽から放出され、太陽風としてやってきて、木星の磁場に捕らえられたり、磁場によって加速されたりしたものである。

かなりの数の荷電粒子が、雲よりもはるかに高いところに捕らえられていて、木星の南極上空と北極上空との間を行ったり来たりしている。そして、偶然、高層大気の分子とぶつかると、その荷電粒子は、放射線帯から取り除かれる。

衛星のイオは、木星にきわめて近い軌道を回っているため、この強烈な放射線帯のまん中を、まるで畑を鋤《すき》で耕すかのようにして飛んでいる。そのため、イオには、荷電粒子がシャワーのように降り注ぎ、その結果、強烈なエネルギーの電波が発生する（このシャワーは、イオの活火山の噴火にも影響を与えているかもしれない）。

したがって、木星からくる爆発的な電波は、イオの位置をコンピューターで算出することにより、地上の天気予報よりも、ずっとよく予測することができる。

木星が電波を出していることは、一九五〇年代に、偶然見つけ出された。それは、電波天文学が始まってまもないころのことだった。バーナード・バークとケネス・フランクリンというふたりの若いアメリカ人が、新しく造られた、当時としては非常に感度のよい電波望遠鏡で星座を調べていた。彼らは、太陽系よりもはるかに遠い宇宙からくる電波を探していた。ところが、驚いたことに、彼らは強い電波源を発見した。それは、以前に報告されたこともなく、電波の出ている位置には、目立った恒星も、星雲も、銀河もなかった。

　それどころか、遠くの恒星を基準にとると、その星はゆっくりと動いていた。遠方の天体だとしたら、考えられないような速さだった[*11]。遠い宇宙の星座表を調べてみても、なんとも説明がつかなかった。しかし、ある日、彼らは天文台の外に出て、その電波源のあたりで、なにかおもしろいことが起こっていないかどうかを確かめようと、肉眼で星空を仰いだ。すると、まさにその位置に、きわめて明るい天体があった。それは木星であることがすぐにわかった。このような偶然の発見というものは、科学史のなかに、ふんだんに見られるものである。

　ボイジャー1号が、木星に接近する前、私は、毎晩のように、夜星にまたたく、この巨大な惑星を見ることができた。それは、私たちの先祖たちが、一〇〇万年もの長いあいだ、見ては楽しみ、不思議に思った星である。

　そして、ボイジャーが木星に最接近した日、ジェット推進研究所にはいってくるボイジャーのデータを調べるため、私は研究所へ向かった。その途中、私は思った。「木星は、いまや昔の木星ではない。夜空の点にすぎない星に戻ることは、二度とないだろう。木星は今後永遠に、探検され、調べられる場所なのだ」と。

　木星と、その衛星とは、多様できわめて美しい太陽系の、小さな模型のようなものだ。それは、私たちに多くのことを教えてくれるすばらしい世界である。

興味深いタイタン

土星は、組成やその他多くの点で木星に似ている。ただ、すこし小さいだけである。土星も一〇時間ほどの周期で自転しているし、赤道に平行な、美しい色の帯がある。ただし、その帯は、木星のものほどには目立たない。磁場と放射線帯もあるが、どちらも木星のものよりは弱い。だが、土星を取り巻く輪は、木星のものよりも、はるかにすばらしい。そして、土星のまわりには、わかっているだけでも一一個の衛星がめぐっている。

土星の衛星のなかで、もっとも興味深いのは、タイタンのようである。それは、太陽系のなかで、もっとも大きな衛星であり、かなりの量の大気を持つ、ただ一つの衛星である。

ボイジャー1号が、一九八〇年一一月にタイタンと出会うまでは、タイタンについて、私たちは、いらいらするほどわずかな知識しか持ち合わせていなかった。

はっきりわかっているただ一つの気体は、メタン（CH_4）である。それは、G・P・カイパーが発見した。太陽からくる紫外線が、このメタンを、もっと複雑な炭化水素の分子と水素ガスとに変える。その炭化水素は、タイタンの上に残り、茶色のタールのような、どろどろしたものになって、タイタンの表面を覆う。その物質は、地球上で生命の起源に関する実験をするときにできるものに、いくらか似ている。

タイタンの引力は小さいので、軽い水素ガスは、宇宙空間へと急速に逃げてゆくはずだ。それは

「噴出」と呼ばれる激しい現象で、そのさい、メタンやそのほかの大気の成分も水素ガスといっしょに逃げてゆくはずである。

しかし、タイタンの大気圧は、少なくとも火星の大気圧と同じくらいである。とすると、「噴出」は起こっていないように思われる。おそらく、大気中に、未発見の主要な成分があるのだろう。たとえば、窒素ガスなどである。それが、大気の平均分子量を大きくし、そのおかげで「噴出」が起こらないのだろう。あるいは「噴出」が起こって宇宙に放出されたガスは、衛星の内部から出てくるガスによって補充されているのかもしれない。タイタン全体の密度は非常に小さいので、水や氷がたくさんあり、おそらくメタンも含まれているに違いない。そして、それらが、内部の熱によって、表面に放出されているのだろう。ただし、どれくらいの率で放出されているかまではわからない。

天体望遠鏡でタイタンを見ると、ただ赤い円盤が見えるだけである。円盤のうえに、変化する白い雲が見えると報告している観測者たちもいる。それは、メタンの結晶が集まった雲である可能性がもっとも強い。

だが、なぜ赤い色をしているのだろうか。タイタンの研究者のほとんどすべてが「複雑な有機物のせいだろう」と考えている。タイタンの表面の温度と大気の濃さについては、まだ議論が続いている。大気の温室効果によって、表面の温度はいくらか高い、と示唆するデータもいくつかある。

タイタンの表面や大気中には、有機物がたくさんある。その意味で、この衛星は、太陽系のなかでは、目立ったユニークな住民である。

私たちの「発見の旅」の歴史が示しているように、ボイジャーやそのほかの探査機がタイタンを訪れれば、この衛星に関する私たちの知識は、飛躍的に増大するだろう。

もし、タイタンの上に立って見上げれば、雲の切れ間から土星とその輪とが見えるだろう。土星の暗い黄色は、あいだの大気によって色がぼかされて見えるに違いない。

土星と、その輪や衛星は、地球に比べると、太陽から一〇倍ほど遠く離れている。そのため、タイタンを照らす太陽光線は、地球が受ける太陽光線のわずか一パーセントにすぎない。したがって、タイタン表面の温度は、かりに大気の温室効果がかなり大きいとしても、摂氏零度よりもはるかに低いに違いない。

しかし、タイタンには有機物がたくさんあり、太陽の光もあたっている。おそらく火山により熱い場所もあるだろう。したがってタイタンに生物がいるという可能性[*12]は、簡単には捨て去ることができない。

そのように非常に違った環境の中にいる生物は、もちろん、地球の生物とは非常に異なっているに違いない。だが、タイタンに生物がいるかいないかについては、まだ確たる証拠は何もない。ただ、その可能性がある、というだけのことだ。観測計器を積んだ宇宙探査機をタイタンの表面に着陸させない限り、この問題に対する答えを得ることはできそうにない。

太陽帝国の境界線

土星の輪を作っている個々の粒子を調べるためには、私たちは、輪にうんと近づかなければならない。なぜなら、輪を作っている粒子は小さいからである。それは、雪の玉や、氷のかけら、宙返りする小さな氷塊などで、直径は、一メートルかそこらである。

それらは、水が凍ったものであることがわかっている。なぜなら、輪が反射した太陽光線のスペクトルをとって特徴を調べると、研究室のなかでとった氷のスペクトルの特徴と一致するからである。

宇宙船に乗って、土星の輪の粒子に接近するときには、私たちは速度を落とさなければならない。輪の粒子は、秒速二〇キロ（時速七万二〇〇〇キロ）ぐらいで土星のまわりを飛んでいるので、宇宙船の速度をそれにそろえて、いっしょに飛ぶのである。つまり、私たちも、土星のまわりの軌道にそって、粒子と同じ速度で飛ばなければならない。こうしてはじめて、土星の輪は、汚れやすじのようにではなく、粒子の一つ一つがよく見えるようになるのである。

では、なぜ、土星のまわりには、輪の代わりに、ひとつの大きな衛星が存在しないのだろうか。

粒子が土星に近ければ近いほど、軌道をまわる速度は大きくなる（ケプラーの第三法則に従って、それだけ速く土星のまわりを「落ちて」いるわけだ）。内側の粒子は、外側の粒子を追い越してゆく（追い越し車線は、いつも左側にある）。

輪全体としては、秒速二〇キロほどの速さで回っているが、となりあった二つの粒子の相対的な速度は、きわめて小さい。おそらく、毎分数センチほどだろう。

しかし、この相対的な運動のため、粒子たちは、たがいの引力によってくっつきあう、ということはない。くっつこうとしても、それぞれの軌道速度がわずかに違うため、すぐに離れてしまう。

もし、輪が土星から離れていれば、そのようなことは起こりにくい。したがって、粒子たちは、集まり、まず小さな雪の玉となり、成長して、ついには衛星となってしまう。

土星の輪の外には、直径数百キロの小さな衛星から、火星とほとんど同じくらいの巨大なタイタンまで、いろいろな大きさの衛星があるが、それはおそらく、偶然の結果ではないだろう。

惑星や衛星の物質は、すべて、もともと輪のような形になっていたのかもしれない。それが、のちに凝集し、累積して、現在の衛星や惑星になったのだろう。

土星の場合も、木星と同じように、磁場が太陽風の荷電粒子を捕らえたり、加速したりしている。荷電粒子が、一つの磁極からもう一つの磁極へと飛んでゆくときには、その粒子は、土星の赤道面を横切らなければならない。もし、そこに輪の粒子である小さな雪の玉があれば、陽子や電子は、それに吸収される。そんなわけで、土星の場合も、木星の場合も、輪は放射線帯を消してしまう。したがって、放射線帯は、輪の内側と外側にしかない。

同様に、木星と土星とに近い衛星も、放射線帯の粒子を、がつがつと食べてしまう。実際に、そのおかげで、土星の新しい衛星が一つ発見された。それは、アメリカの探査機パイオニア11号が見つけ出したのだが、この探査機が観測したのは、放射線帯のなかの、予期しない空白であった。それは、知られていなかった土星の衛星が、荷電粒子を掃除したために生じた空白であった。

太陽風は、土星の軌道を越えて、太陽系のはるかな外域にも達している。ボイジャーが天王星に接近し、さらに海王星や冥王星の軌道のところまで飛んで行ったとき、観測計器がこわれていなければ、計器類は、ほとんど確実に太陽風を検出することだろう。それは、惑星たちの間を吹く風であり、恒星の領域にまで伸びた、太陽の大気の先端なのである。

太陽から冥王星までの距離の二倍か三倍ぐらいのところまで行くと、恒星間空間に存在する陽子や電子の圧力のほうが、太陽風のわずかな圧力よりも強くなる。そこは、太陽圏界面と呼ばれている。太陽帝国の国境を定めるとすれば、そこが、一つの境界である。

ボイジャーは、二一世紀の中ごろに、この太陽圏界面を突き破り、宇宙の大洋を進んでゆく。ほかの太陽系のなかに入り込むことは決してなく、恒星の島々からはるかに離れた永遠の空間をさまよっていく。そして、いまから数億年たったとき、銀河系の巨大な中心のまわりを一周し終えるはずである。

私たちは、壮大な航海を始めたのだ。


（下巻に続く）

＊1＝別な比較をすると、受精卵が輸卵管を通って子宮に着床するまでに要する日数は、アポロ11号が月まで行くのに要した日数と同じである。それが赤ん坊になるまでの日数は、バイキングが火星まで飛ぶのに要した日数と同じである。ふつうの人の一生の長さは、ボイジャーが冥王星の軌道を越えて太陽系の外に出るまでの年数よりも長い。

＊2＝オランダ人たちが、清国の朝廷に差し出した献上品もわかっている。皇后には、いろいろな絵を描いた小さな箱を六個、皇帝にはシナモンの皮二束が献上された。

＊3＝法皇ヨハネ・パウロ二世は、三四六年前に宗教裁判が下したガリレオの有罪判決を破棄するよう、一九七九年に慎重に提案した。

＊4＝ヨーロッパには、狂信的な教義がそれほどはびこっていない地域もあったが、そのようなところに住んでいる人たちでさえ、ガリレオやケプラーが太陽中心説を推進したような勇気を持ち合わせてはいなかった。たとえば、オランダに住んでいた哲学者ルネ・デカルトは、一六三四年の日付のある手紙のなかに、つぎのように書いている。

「あなたもきっとご存じのことと思いますが、ガリレオは、最近、異端審問官に非難され、地球の運動に関する彼の見解は異端であると判決が下されました。私が論文のなかで説明したことのなかには、地球の運動に関する説も含まれていますが、それらはすべて、たがいに関係しあっています。そのうちのどれか一つが誤りであるとわかれば、私の議論のすべてが正しくないということになるでしょう。私は、そのことをあなたに申し上げておかねばなりません。私の議論は、非常に確実で明らかな証拠をもとにしたものだと私は考えています。しかし、教会の権威にさからってまで自説を押し通そうなどとは、神かけて望みません。……私は『よい人生を送るためには、人に見られぬように生きることだ』ということをモットーにして平穏のうちに暮らし続けたいと望んでいます」

＊5＝オランダは、今日までその人口に比して数多くのすぐれた天文学者を生んでいるが、それは、このような探検の伝統によるものかもしれない。そのような天文学者のなかに、ジェラルド・ピーター・カイパーがいた。彼は一九四〇年代から五〇年代にかけて、世界でただ一人の惑星専門の天体物理学者であった。当時は、彼の研究分野は、職業的な天文学者のあいだでは、いささか評判が悪かった。それは、ローウェルたちの行き過ぎのせいでもあった。私は、カイパーの弟子であることを誇りに思っている。

＊6＝アイザック・ニュートンはホイヘンスを尊敬し、彼のことを、当時の「もっともみごとな数学者」であり、古代ギリシャの数学の伝統を忠実に守っている人だ、と考えていた。これは、いまも昔も、大変な賛辞である。ニュートンは、光の影がくっきりした輪郭を持っていることから「光は、まるで小さな粒子の流れであるかのようにふるまう」と信じていた。赤い光は最大の粒子でできており、紫色の光は最小の粒子でできている、と彼は考えた。一方、ホイヘンスは「光は、あたかも、真空のなかを伝わる波のようにふるまう。波が海面を伝わってゆくのと同じだ」と主張した。私たちが、光の波長や周波数について語るのは、それを波と考えているからである。回折現象を含め、光の多くの性質が、波の理論で無理なく説明できるため、のちにはホイヘンスの説のほうが支配的となった。しかし、金属に光が当たったときに電子が飛び出す光電現象は、光の粒子説によって説明できることを、アイ

ンシュタインが一九〇五年に示した。現代の量子力学は、粒子と波の二つの説を結びつけた。光は、ある状況のもとでは粒子の流れとしてふるまい、別な状況のもとでは波としてふるまう、と一般的に考えられている。この「波動と粒子の二重性」は、私たちの常識とは一致しない。しかし、それは、光に関する実験の結果とは、よく一致する。まったく逆のもの同士の融合は、なぞめいており、壮快でもある。光の性質についてのこの現代の知識の父親が、終生独身を通したニュートンとホイヘンスである、というのはおもしろい。

＊7＝ガリレオは土星の輪を発見したが、どんな形のものかは彼にはわからなかった。彼の初期の天体望遠鏡では、土星の両側に、対称形のものが突き出しているように見えた。彼は、戸惑いながら「耳に似ている」と述べている。

＊8＝同じような意見を述べた人物がほかにもいる。たとえば、ケプラーは『世界の調和』という本のなかで「ティコ・ブラーエは『ほかの惑星は、裸の荒れ地だ』という説に対して『それらは、なんの実りもなく存在しているわけではない。生物たちで満ちあふれているはずだ』という意見を持っていた」と述べている。

＊9＝このような物語をするのは、古代人の習慣であった。そのような物語の多くには、探検の始まりのころから、宇宙の話が含まれていた。たとえば、明の時代の中国人たちは、一五世紀にインドネシア、スリランカ、インド、アラビア、アフリカなどを探検したが、その一行に加わった費信は、絵入りの本を作って皇帝に差し出した。それは『星槎勝覧（星のいかだのすばらしいながめ）』という題の本だ

った。文章のほうは残っているが、残念ながら絵のほうは残っていない。

＊10＝『オックスフォード英語辞典』（ＯＥＤ）にある通り、アメリカ人はよく「アイオー」と発音する。しかしイギリス人は特に何か知識を持っているわけではない。この語は地中海起源で、ヨーロッパの他の国では、正しく「イオ」と発音している。

＊11＝なぜなら光の速さは有限だからである（第8章参照）。

＊12＝一六五五年にタイタンを発見したホイヘンスの意見は、つぎのとおりである。「いまや、だれでも、これらの（木星と土星との）系をながめ、比べてみることができる。小さくてかわいそうな私たちの地球に比べて、それらはきわめて大きく、高貴な従者をひきつれているが、いまや、そんなことに驚くことはない。あるいは、賢い創造主は、この地球だけのために、手持ちの動物や植物のすべてを使ってしまい、地球だけを飾って、木星や土星などの世界は、すべて荒れ地のままにし、創造主を尊敬し信じるはずの人間を、そこには住まわせなかった、と私たちは考えざるをえないのだろうか。あるいは、これらの巨大な天体は、ただまたたくだけのために創られ、あわれな私たちのうちの何人かが研究するためだけに創られた、と私たちは考えざるを得ないのだろうか」。土星は、太陽のまわりを三〇年ほどかけて一周している。そのため、土星とその衛星の季節は、地球の四季に比べてはるかに長い。したがって、土星の衛星に住むと思われる人間について、ホイヘンスは「退屈な長い冬があるので、そこに住む人たちの暮らしぶりは、私たちとは非常に異なっているに違いない。さもなければ、暮らしていけないだろう」と書いている。

解説　『ＣＯＳＭＯＳ』に描かれた「宇宙」と「ヒト・生命」

科学ジャーナリスト　内村直之

『ＣＯＳＭＯＳ』は、一九八〇年、アメリカの著名な天文学者でありピューリッツァー賞受賞のノンフィクション作家、カール・セーガンが、壮大な宇宙、無限の時間、人類の未来について一般向けに書き下ろした記念碑的名著です。同年、朝日新聞社から出版された翻訳の単行本、八四年の文庫版は併せて一一六万部を超えるミリオンセラーとなり、同名のテレビ番組がテレビ朝日系列で連続放映されるなど、空前の宇宙科学ブームを巻き起こしました。

本書は、もととなった一三回のテレビシリーズに合わせて、全13章からなっています。カール・セーガンはこの本で、主に四つのテーマについて話を展開しました。

第一に、宇宙に憧れ、その謎を一つ一つ解明していく人類の知性の歴史

第二に、人類の住む地球からそのお隣の太陽系惑星への飽くなき探求

第三に、太陽系をはるかに超え、銀河系の向こうの宇宙の果てについて

第四に、宇宙の中の生命、そして地球と私たち人類の未来について

彼はありきたりの学者とは異なり、宇宙を観察してその不思議を解こうとするだけではありません。その話題はどれをとっても私たち「ヒト」あるいは「生命」という存在へブーメランのように戻っていきます。この本のテーマは「宇宙の中のヒト、ヒトの中の宇宙」と、ひとことでいうこともできるでしょう。確かにセーガンが生涯をかけて取り組んだ天文学・惑星科学は、私たちヒトを離れて存在しなかったといえます。

セーガンが学び始めた一九五〇年代終わりから『COSMOS』が出版された一九八〇年までは、宇宙開発・宇宙探査の草創・発展期で、夢のある時代でした。一九八一年からは、NASA（米航空宇宙局）により宇宙輸送を目論むスペースシャトル計画が始まり、各国の威信をかけたプロジェクト競争の部分が強調されます。純粋な宇宙・惑星のなぞを解こうとする科学探査よりは、宇宙にヒトが進出するということの比重のほうが大きくなった時代といえます。そう考えると、『COSMOS』はこの時しか、セーガンにしか書けなかった本であるといえるかもしれません。

『COSMOS』発刊以後も、天文学と宇宙物理学は大きな発展を遂げました。特に二〇世紀末頃の進歩は目覚ましかったのです。ここでは、この本の意味を紹介しながら、さらに新しい動きへのガイドともなるような手引きとしたいと思います。

宇宙認識の歴史と生命探査

セーガンはこの長い物語を、宇宙という広大な海に向かって、地球という浜辺に立った私たち、という描写から始めます。テレビ番組の冒頭も、波荒い浜辺に立つセーガンの姿から始まっていました。宇宙をどう認識するかという歴史は、科学というものが育つ原点の姿でもあります。後に「科学革命」と呼ばれる科学思想上の大変革は、プトレマイオス―コペルニクス―ケプラー―ニュートンという系譜で成し遂げられ、それはその後の科学が成長する「模範」ともなりました。第1章と第3章で描かれている宇宙認識の歴史は、まさに科学成長の物語でもあるのです。

一方、第2章は生物の問題を扱い「これが宇宙の話?」と読者を面食らわせるかもしれません。しかし、生物の起源は何で、それはどう進化してきたのか、という問題は、セーガンの紹介(下巻解説)にもある通り、彼の宇宙に対する基本的な問いでした。セーガンは、遺伝と進化、生命の起源という二つについて、学生時代に生々しい現場を経験しました(第2章で取り上げたヘイケガニのエピソードは、その後、壇ノ浦と無関係な近縁種も同様のヒトの顔に似た甲羅を持っていることが指摘され、彼の勇み足とも思えます)。宇宙と生命の問題は、ずっとセーガンの心の中に残り続けます。まるでSFのような奇妙な「木星の浮遊生物」も「生物の可能性」というものにこだわり続ける彼の姿勢の現れで、後述する「宇宙生物学(アストロバイオロジー)」に受け継がれていきます。この問題意識は、全体の底を流れ続け、第11章、第12章でまた浮かび上がります。

アカデミズムの中で、セーガンが初期から取り組み続けた研究は、太陽系惑星の真実の姿の探求でした。それは、NASAによる探査衛星をはじめとするいろいろな技術開発の成果として観測データが現れてくる順を追って、金星から始まり、火星へと広がり、さらに木星、土星と遠くの惑星(その衛星も含む)に視線が移ります。第4章から第6章にいたる太陽系惑星の物語は、ちょうど探査機ボイジャーの結果が出ていたこともあり、この本の中でも圧巻の部分です。セーガンが注目し、もっとも叙述に力が入ったのはもちろん「宇宙と生命」という問題です。それは、なぜ地球には生命が存在し得たのか、生命が存在する条件とは何なのか、という研究にも結びついています。セーガンの心は今も受け継がれ、火星、木星と土星の衛星にいるかもしれない地球外生命の可能性は探索されていますし、さらに太陽系外にある惑星、特に生命存在の可能性のある惑星の探索も進んでいます。

《火星》

酷暑の金星よりも生命存在の可能性が高いと思われている火星での生命探索の皮切りは、『COSMOS』第5章で詳述されているセーガン自身も関わったバイキング1、2号の微生物学的実験でした。しかし、そこでは火星の土壌中には確実な生命の証拠どころか有機物も見ることができなかったと明らかにされています。しかし、それ以後も、NASAはあきらめず、生命そのものの探索から、生命の存続を支える環境のチェック、つまり水があるかどうか、生物の生活を支える栄養といえるものがあるかどうかを調べ続けました。セーガンが亡くなる前後の一九九六〜九七年には驚くような発表がありました。

バイキングの火星探査から二〇年経った一九九六年、NASAのデビッド・マッケイたちは、火星から地球の南極に飛来してきた隕石《いんせき》に「生命の痕跡」、微生物の化石とも見える構造があると発表し、世界の注目を浴びました。この主張にはその後、賛否両論があるものの、これをきっかけとしてNASAは宇宙・太陽系・地球・生命というもろもろの始原を追求する「オリジンズ・プログラム」という計画を始めました。『COSMOS』執筆時にはまだなかった「宇宙生物学」という言葉が生まれたのはこの時のことでした。九七年にはNASA内にアストロバイオロジー研究所を創設、この分野の研究の拠点としました。

バイキングからしばらく間があいた火星探査は、九〇年代中頃から再開されました。二〇〇一年、ESA(欧州宇宙機関)が打ち上げたマーズエキスプレスの観測では、極冠の氷や火星大気中のメタンなども見つかりました。二〇〇四年に火星に着陸した探査ロボット、スピリットとオポチュニティは、液体の水がないとできない酸化鉄を含む堆積岩、水中で生成される硫酸塩鉱物などを発見、さらに堆積層と判断される証拠を見つけました。火星には広く液体の水が存在した時期が過去にあったと考えられます。またメタンをエネルギー源とするメタン酸化・鉄還元菌の存在の可能性が探られています。火星探査は、衛星の周回軌道からの観測、地上に降りたロボットでの探査と常に四つ以上のプロジェクトが実施されています。『COSMOS』第5章でセーガンが投げかけた火星への疑問は、よりはっきりしてきたのです。

火星からさらに離れた木星や土星は、地球や火星とは異なる巨大ガス惑星ですから、そのうえに地球型の生命が存在する可能性はまずないでしょう。「木星の浮遊生物」もあくまでも想像上の可能性のこと。しかし、木星や土星の衛星には地球に似た環境があることにセーガンは期待しました。第6章では探査機ボイジャーが調べた木星の衛星エウロパと土星の衛星タイタンについて描かれたシーンがあります。その後も、いくつかの探査衛星が打ち上げられ、ボイジャーよりももっと詳しく調べることに成功していますので、少し補足しておきましょう。

《エウロパ》

一九八九年、木星とその衛星の探査を目的にしたガリレオがNASAによって打ち上げられました。ガリレオは、氷に覆われたエウロパの表面に見られるマスクメロン状の筋模様は水の出入りがある割れ目であることを確認しました。その下には多量の液体の水があるようです。太陽から遠くはなれているのにすべてが凍りつかないのは、親惑星である木星の強い引力でエウロパ中心部の岩石が変形させられそれで発生するエネルギーが熱となっている（いわゆる潮汐力《ちょうせきりょく》エネルギー）からと考えられています。水の底に地球の海底熱水噴出孔に似たものがあれば、生命発生の可能性もあります。

地球も過去数回にわたって全球的に凍結したスノーボールアースという状態になったことが九二年、カリフォルニア工科大のカーシュビンクによって指摘され、凍結後には生物は大きな進化のステップを踏み出したこともわかっています。こういう見方からすると、エウロパはそれと同じプロセス上にあるのかもしれません。セーガンの夢を受け継ぐこれからの調査が楽しみです。

《タイタンとエンケラドス》

タイタンは水星よりも大きな氷衛星ですが、セーガンの師であるカイパーがその濃い大気にメタンが含まれているのを見つけていました（一九四二年）。ボイジャー1号がタイタンを詳しく調べた結果、タイタンの大気は窒素と数％のメタンを含み、しかも地上ではなんと一・五気圧もあることがわかりました。水蒸気がないことを除けば、タイタンの大気は生命が発生する前の原始地球の大気と共通性が少なくありません。

セーガンらは、このタイタンの大気と同成分の混合ガスを作り、それに紫外線や放電などを作用させると褐色のカスのような有機物の複雑な塊ができることを見つけて、ソリン（ギリシャ語で泥）と名付けました。タイタンはオレンジ色のもやで包まれているのですが、まさにこれは、メタンを材料に紫外線などで大気中に作られたソリンなのです。ソリンは、さらに反応させればアミノ酸にもなりうることが示されています。タイタンの大気中で作られ氷に降り積もったソリンは、さらに氷の下の「海」に入り込めば生命の起源に結びつくことも考えられています。

一九九七年、ＮＡＳＡとＥＳＡは共同で土星とタイタンを探査するカッシーニを打ち上げました。カッシーニは二〇〇四年に土星に到着、それに付属したホイヘンス・プローブも〇五年一月にタイタン地上に着陸しました。ホイヘンスが送ってきた写真には、河川状の地形が写っていました。メタンの雲がありその中では雷現象が起こっているのも確認、タイタンではメタンが大気と地表の間をまるで地球の雲と雨のように循環しているようです。これからも探査は続きます。どんな結果が出てくるでしょうか。

やはり土星の衛星ですが、半径二五〇キロとごく小さなエンケラドスも注目されています。カッシーニがこの衛星の南極近くの「虎の縞（タイガー・ストライプス）」という地溝帯から水を主成分とし二酸化炭素、窒素、メタンを含む噴煙が噴き出しているのを見つけました。どうやらエウロパと同様に地下に高温の熱源があって水蒸気を発生しているようです。小さい衛星なので水蒸気などの気体を大気に引き止めておくことはできないようです。

太陽系の中で液体の水を持っていると思われるのは、地球を別にして、火星、エウロパ、ガニメデ、カリスト、エンケラドス、タイタンの六つです。これらに生命の証拠があるかどうか、調査の行き先が注目されます。

《冥王星》

太陽系の土星より遠いところ、天王星、海王星、冥王星、あるいはその外側にあって彗星《すいせい》の巣ともいわれる太陽系外縁天体については『COSMOS』は何も語っていません。ボイジャー2号が天王星を訪問したのは一九八六年、海王星に届いたのは八九年でした。ハッブル宇宙望遠鏡などの活躍で太陽系の全体像がわかってきたのもこれより後のことでした。彗星や小惑星についても探査衛星（ハレー彗星を調べたジョット探査機〈一九八六年〉、小惑星からチリを持ち帰ったはやぶさ〈二〇〇六年〉などが特筆されます）の活躍がありました。

そんな成果から、今までの常識を改める必要も出て来ました。二〇〇六年、国際天文学連合の総会が開かれ、惑星の定義が改定されました。太陽系に属する天体が数多く観測されてきたため、それまでの分類に矛盾をきたしてきたのです。特に太陽の周りを独立して周回しているとされている惑星について、太陽系のもっとも外側から冥王星よりも大きいエリスが発見され、冥王星は独立して周回しているとはいえなくなりました。そのため、一九三〇年米国のトンボーによって発見された冥王星は、エリスなどとともに惑星に準じる「準惑星」に分類し直されました。「水金地火木土天海冥」は「水金地火木土天海」となったわけです。

太陽系の起源と系外惑星

セーガンは『COSMOS』第11章で「ほかの惑星に住む人」について触れ、「われわれ人類は宇宙で孤独な存在ではない」というニュアンスで語ります。地球外知的生命を探すSETI（Seeking Extra-terrestrial Intelligence）に同調したのもまさにその信念からでしたが、当時、太陽系外に存在する惑星については、ほとんど想像の範囲でした。今や、系外惑星は天文学でもっともホットな話題になっています。もしこの話を聞けば、セーガンは躍り上がって興奮していたでしょうから、ちょっと詳しく補足します。

系外惑星を探す前提となったのは、一九七〇年以後、私たち地球の属する太陽系が一体どうやってできてきたのか、がだんだんわかってきたことです。その集大成となったのが京都大学の林忠四郎らのいわゆる「京都モデル」（一九八五年）でした。これは、円盤状のガス雲から中心星（つまり、太陽）とその周りを囲む微惑星が発生、微惑星同士が衝突しながらだんだん大きくなり、中心星からの距離に応じて、内側から地球型小型岩石惑星（水星、金星、地球、火星）—巨大ガス惑星（木星、土星）—中型氷惑星（天王星、海王星）……と並んでいくというストーリーです。こういう現象は太陽系に限られるものでないはずで、それならば他の恒星にも惑星があるだろうと予想されました。しかし、探してもなかなか見つからないまま一〇年がたちました。

一九九五年、ペガスス座51番星のふらつきからその周囲に木星の半分くらいの大きさの惑星があることが確認されました。（太陽）系外惑星発見の第一号です。その後、系外惑星の探し方が工夫され、専用の宇宙望遠鏡（ケプラー宇宙望遠鏡）も打ち上げられ、二〇一三年現在で、ほぼ九〇〇個の系外惑星が見つかり、候補も二五〇〇以上という賑わいです。太陽と似た恒星の五パーセントは惑星を持っていると推測されています。この中には、太陽系の惑星の常識から外れて、表面温度一〇〇〇度以上というホット・ジュピターというタイプの惑星や円から大きく外れた軌道の惑星などが見つかっています。これは「京都モデル」では説明がつかず、惑星形成のストーリーは書き換える必要が出ています。

セーガンならば「生命のいそうな惑星はあるのか？」とまず聞くでしょう。地球程度の大きさの惑星はいくつか見つかっています。生命が存在するのに必要と考えられる液体の水が惑星表面にあるための表面温度や大気圧などの条件がかなりわかってきており、中心星の輻射の強さとの関係で、惑星の「ハビタブルゾーン（生命が生存できる範囲）」が決まってくることがわかってきました。実際にそこまで行って生命の存在を確かめるのはむずかしそうですが、そういう惑星のさらなる観測計画は進んでいます。これらの成果をみると、セーガンの宇宙研究の方向性の正しさを今更ながら実感できるのです。

宇宙の始まりと果て

『COSMOS』下巻前半の第7章から第10章は、時間と空間を同等に扱う相対論、恒星や銀河の成り立ち、そして不思議な天体であるブラックホールなどに触れながら、最後は宇宙の全体像をテーマにしていきます。宇宙の起源、宇宙の果てはあるのか、という疑問に答えるためのいわゆるビッグ・バン理論から始まった宇宙論の研究は、『COSMOS』刊行以後の三〇年間に目覚しく進みました。第7章で扱っているギリシャの「原子論」の末裔ともいえる現代の素粒子論、つまり、この世界を作る究極の存在を追求する理論は、宇宙の始まりと深い関係があることがわかってきました。理論的発展と同時に、宇宙の果てを見る観測方法も長足の進歩を遂げています。『COSMOS』が書かれた一九七〇年代終わりは、ちょうど素粒子の標準理論が確立し、素粒子論と宇宙との関係が解明されるいとぐちが見つかった頃といえます。セーガンが宇宙論を紹介する第10章あたりの歯切れがやや悪いと感じられるのは、そういう発展期の最中であったという事情もあるでしょう。

『COSMOS』でも言及されているジョージ・ガモフが提唱したビッグ・バンは、宇宙論の基本です。宇宙はとてつもない高温高密度の状態から始まりそれがどんどん膨張することによって低温低密度の今の宇宙になるというストーリーです。一九七〇年代に確立した「素粒子の標準モデル」がそのビッグ・バン宇宙論の基礎を固めました。素粒子の標準モデルとは、陽子や中性子を作る六種のクオーク、電子やニュートリノなど六種のレプトン、それらを結びつける力の伝達粒子（電磁力を伝える光子、弱い力を伝えるWとZ、強い力を伝えるグルーオン）、それに粒子に質量を付与するのに必要なヒッグス粒子というワンセットです。宇宙誕生後一三八億年もかけて、混沌としていた素粒子や相互作用は次第に今のような形を整え、星や銀河を持った宇宙を形づくるようになったのです。

ビッグ・バンとその先は

第10章に詳述されたビッグ・バン宇宙論という考え方は、その後発見された宇宙の三つの現象によってその正しさを裏付けられています。第一にこの宇宙は膨張し続けているという事実です（ハッブルの発見）。第二にもっとも軽い元素である水素とヘリウムの宇宙に存在する量が予言通りだったことです。

そして三番目が、宇宙に満ち溢れた電波「宇宙背景放射」（ペンジャスとウィルソンの発見）でした。特に、第10章で何度も語られる三番目の問題は、その後の三〇年で大きく育ちました。そのエッセンスを紹介しておきましょう。

宇宙の創始期についてはまだよくわかりません。「無から生まれた」「宇宙の最初には果てがある」「いや果てはないところから生まれた」などいろいろな主張があります。時空間の理論である一般相対性理論とミクロの理論である量子力学を結合しなければならないのですが、アインシュタイン以来一〇〇年近くの努力が重ねられていますが、まだ決定版はありません。最近では素粒子を「細長い弦」として捉える超弦理論がそこにトライしていますが、最終的な結論にはまだまだです。

生まれてからちょっとたった頃のことは少しわかってきています。ごく初期にケタ違いの速さで宇宙が膨張したという「インフレーション」理論はその代表です。今、宇宙を見上げるとあちらからこちらまでほとんど一様な構造・性質を見せています。端から端まで行くのに一〇〇億年以上かかるのに、あっちの端とこっちの端は同じ性質を持っているなんてなかなか信じがたいと科学者は考えていました。それを説明するのが一九八〇年ごろ、佐藤勝彦とアラン・グースが独立に提唱したインフレーション理論です。最初はごく小さかった宇宙がグーンと大きく引き伸ばされたために、昔は隣り合っていたような領域があっちの端とこっちの端になってしまいましたが、昔の縁でほとんど性質や構造は変わりがないという考え方でした。なぜ、グーンと（指数関数的に）大きくなったかの機構はまだ未解明ですが、そういうことがあったとすると、宇宙の一様性だけでなくいろいろなことが説明できるので、今、インフレーションの存在は標準理論の一部ともなっています。

『COSMOS』の刊行時、銀河は見えていても、銀河同士の関係などはまだ良くわかりませんでした。ところが一九八六年、宇宙は星や銀河がベターッと分布する一様な世界ではないことを、ハーバード大学のゲラーらが見つけました。銀河が集まった銀河団、またそれが集まった超銀河団というものの宇宙での分布を見ると、何億光年も壁状に連なった構造（グレートウォール）やそれらが繋がって分布の薄いところと濃いところが蜂の巣状に並ぶボイド構造があることが詳しい観測でわかったのです。これを宇宙の大規模構造といいます。これはなぜできたのでしょうか？　これを調べるには、宇宙の生まれた歴史をどんどんと遡らねばなりません。

宇宙のもっとも昔の情報を保存している「古文書」は、宇宙背景放射です。これは宇宙が生まれて三八万年たった頃、宇宙の温度が低下してイオン化していた水素原子が自由に動いていた電子と結合して中性になったために、光（電波と同じ）が自由に進むようになります。その時の光が、まさに宇宙背景放射です。これを詳しく調べれば、宇宙ができて三八万年という初期の様子がわかります。

それに挑戦したのが、第10章で「ビッグ・バンの不均質性」に注目しようといっているジョージ・スムートらが計画したNASAの宇宙背景放射観測衛星COBE（一九八九年、スムートらはこの成果で二〇〇六年のノーベル物理学賞を受賞しました）やその後継機WMAP（二〇〇一年）、ESAの打ち上げたプランク衛星（二〇〇九年）です。それらの衛星は、宇宙背景放射である絶対温度二・七度の電磁波の分布を宇宙の全方向にわたって詳しく調べました。すると、その温度の空間分布には一〇万分の一程度の微小なゆらぎがあったのです。温度のゆらぎは宇宙の物質密度のゆらぎに結びつき、長い年月のうちに次第に成長して大構造に進化していくことがコンピュータによるシミュレーションでも明らかになってきました。つまり、温度のゆらぎは、大きな構造にいたるタネだったのです。

この温度ゆらぎを詳しく解析すると、宇宙のいろいろなデータがわかります。まず、宇宙の年齢が一三八・二億年でした。もっとも大事なのは、宇宙にある物質の総量がわかることなのですが、これには宇宙のさらに深いなぞが存在します。水素原子やヘリウムなどの通常の物質は、全質量の四・九パーセントしかないのです。残りは、全く正体のわからないダークエネルギーとよばれるものが六八・三パーセント、宇宙のそこここに広がっていることはわかっていても「素顔」は全くわからないダークマターが二六・八パーセントもあるのです。つまり私たちの知っている宇宙はその素顔のほんのちょっとです。これは『COSMOS』以来の最大の宇宙のなぞだといえるでしょう。

見えないダークマター、深いなぞの「ダークエネルギー」

スイスの天文学者ツビッキーは一九三三年、かみのけ座銀河団の中の七つの銀河の動きを観察していて奇妙なことに気が付きました。運動の様子を見て、銀河の質量を見積もったのですが、望遠鏡での観測から推定される質量よりも銀河の動きから推定される質量のほうが数百倍も大きかったのです。つまり、全く見えない物質ダークマターが多量にあるのです。さらに一九七〇年代以後、見えない物質は宇宙のどこにでもあることがわかってきました。

ダークマターはたくさんあれば物質を引っ張るという重力的な作用をします。しかし、光などとの相互作用を全くしないために、正体を確かめる手がかりがほとんどありません。今、私たちの知っている素粒子などではどうも説明がつかない可能性が高く、標準理論には出てこない新しい素粒子（たとえば超対称性粒子）という可能性もあります。地上や宇宙空間に検出器を設け、捕まえようという計画がいくつも進んでいます。捕まえれば宇宙物理だけでなく素粒子物理でも新しい世界が開ける可能性があります。

ダークマターよりも多いと考えられるダークエネルギーはもっと不思議です。

一九一〇年代、アインシュタインは自分の見つけた一般相対性理論の方程式、アインシュタイン方程式で、この宇宙の状態を明らかにしようとしました。その時「宇宙はずっと同じ状態を保つべき」という信念を実現させるため、方程式の中に「宇宙項」という定数を付け加えたのです。ところが、ハッブルが「宇宙は膨張している」という観測結果を公表したため、アインシュタインは「宇宙項は生涯最大の過ち」とまでいって、それを引っ込めました。

アインシュタインの意思に反し、その後も、宇宙項はあってもいいのでは、という研究者は少なくありませんでした。というのは、宇宙項の正負、あるいは大きさによって、方程式を解いた宇宙の様子が異なってくるからです。今、膨張している宇宙だとしても宇宙項の様子によって、さらに膨張の率が大きくなる加速膨張になるか、あるいはだんだん遅くなる減速膨張になるかで、宇宙の年齢や最終的な状況が変わってきます。

一九九八年、遠方の超新星を観測して宇宙膨張の様子を知るというプロジェクトの結果が、米国、オーストラリアの二チームから発表されました。どちらも「宇宙膨張は加速している」という驚くべき結果を示していました。こういう結果が出るためには、宇宙は膨張しても密度が一定のエネルギーによって満たされていなければならないのです。これこそ宇宙項の本性で、全く見当もつかない存在であるために「ダークエネルギー」と名付けられました。先に紹介した宇宙背景放射の温度ゆらぎの解析でも、宇宙を満たしているエネルギーの七割が未知エネルギーだとされました。これもダークエネルギーの別の顔でした。

ダークエネルギーは、現代の天文学も宇宙物理学も素粒子物理学もさっぱり理解ができていないシロモノです。それは、今のところ深いなぞなのです。

宇宙を見る新しい「眼」

私たち人間は、片隅から広い宇宙を眺めています。

標高四〇〇〇メートルを超えるハワイ島マウナケア山頂には、一三基の大型望遠鏡が集合しています。そのうち八～一〇メートルの口径を持つ巨大な望遠鏡は日本の国立天文台が誇るすばる望遠鏡を含めて四台。このような可視光から赤外線での天体観測は、八〇年代以後、写真乾板から半導体技術を使ったＣＣＤ（電荷結合素子、デジタルカメラに使われている画像検出素子）に変更され、効率が一〇〇倍にもなりました。また、画像を乱す大気のゆらぎに応じてリアルタイムで反射鏡を変形させて画像補正する「補償光学」という技術で、格段にボケの少ない画像が得られるようになったのです。マウナケアには新しい天文台の計画も進んでいます。米国・カナダ・日本・中国・インドなどの協力による口径三〇メートルという大きな望遠鏡の建設計画ＴＭＴ（Thirty Meter Telescope）です。最大の狙いは太陽系の外にある地球型惑星を見つけて生命の可能性を探ること。二〇二〇年代に稼働の予定です。

高度な天文観測になると、地球の大気はどうしても「すりガラス」になってしまいます。大気の影響がない宇宙空間に望遠鏡を打ち上げてしまえ、というプロジェクトが始まっています。九〇年には一二・四メートルという大口径望遠鏡を積んだハッブル宇宙望遠鏡（HST）が打ち上げられました。HSTは、宇宙年齢の観測、遠方銀河や系外惑星の探索など多くのプロジェクトに二〇年以上もデータを提供しながら、私たちにたくさんの美しい宇宙画像を見せてくれました。宇宙望遠鏡は、その後も赤外線天文衛星、系外惑星探査衛星などいくつも打ち上げられています。

電磁波からX線、ガンマ線まで

光よりもっと波長の長い電磁波、あるいはもっと波長の短いX線やガンマ線を見る「眼」も開発されています。電波で見る宇宙には、銀河や星の形成と進化、あるいは星間にあるいろいろな物質の同定など光では見えない現象がたくさんあります。宇宙背景放射を観測したCOBE、WMAP、プランク衛星なども、ごく弱い電磁波を精密に観測しました。

世界最大の電波望遠鏡群は、標高五〇〇〇メートルのチリアタカマ砂漠に直径七メートルから一二メートルのパラボラアンテナ計六六台が並ぶALMA望遠鏡（正式にはアタカマミリ波サブミリ波干渉計）です。二〇一三年に正式に開所し、生まれたての銀河、惑星系の誕生シーン、生命関連物質などが発する電波をとらえて「見る」ことができます。

可視光よりずっと波長の短いX線は、エネルギーの高い現象、たとえばブラックホールや銀河活動中心核、超新星残骸などを調べるのに適しています。一九七〇年に打ち上げられたウフル衛星から始まって数多くのX線観測衛星がチャレンジしていますが、X線バースト現象を観測したはくちょうから始まる日本勢の活躍も特筆されます。

一九八七年二月二三日、大マゼラン雲の中で一つの超新星が発見されました。可視光で観測される三時間前、岐阜県・神岡の地下一〇〇〇メートルに貯められた純水三〇〇〇トンの中で、かすかな光が見えました。超新星が発生させたニュートリノがここを通り抜けた時、かすかな光を発生させたのです。小柴昌俊を中心とした東大カミオカンデグループは、一一個のニュートリノを検出したことを報告、これがニュートリノ天文学の最初の一歩でした。

ニュートリノは他の素粒子とめったに相互作用しない「孤独な」素粒子です。それゆえに、ニュートリノは燃え盛る恒星の真ん中から、あるいは爆発する超新星の中から、飛び出し、私たちのところまで届くのです。それを何とか捕まえる新しい「眼」がカミオカンデやその後継のスーパーカミオカンデという観測装置でした。宇宙には、生まれたての宇宙から放出されたニュートリノ（宇宙背景ニュートリノ）が満ち満ちているのではという指摘もあります。南極では、巨大な氷塊の中で宇宙からのニュートリノを捕まえようというICECUBEニュートリノ天文台が活動を始めています。光やX線で「見る」以外の素粒子観測天文学が、今、生まれつつあります。

最後に残る「眼」は重力波でしょう。重力は今のこの宇宙を作った最大の力といえる存在です。中性子星の合体や超新星爆発では直接に重力の波が発生する可能性があり、これらの天体現象に伴う重力波を地球で受けようという計画がいくつか進んでいます。しかし、重力波はごくごく微弱で、雑音に埋もれやすいので、成功は相当難しいといわれます。最後の「眼」が開くのはいつのことになるでしょうか。

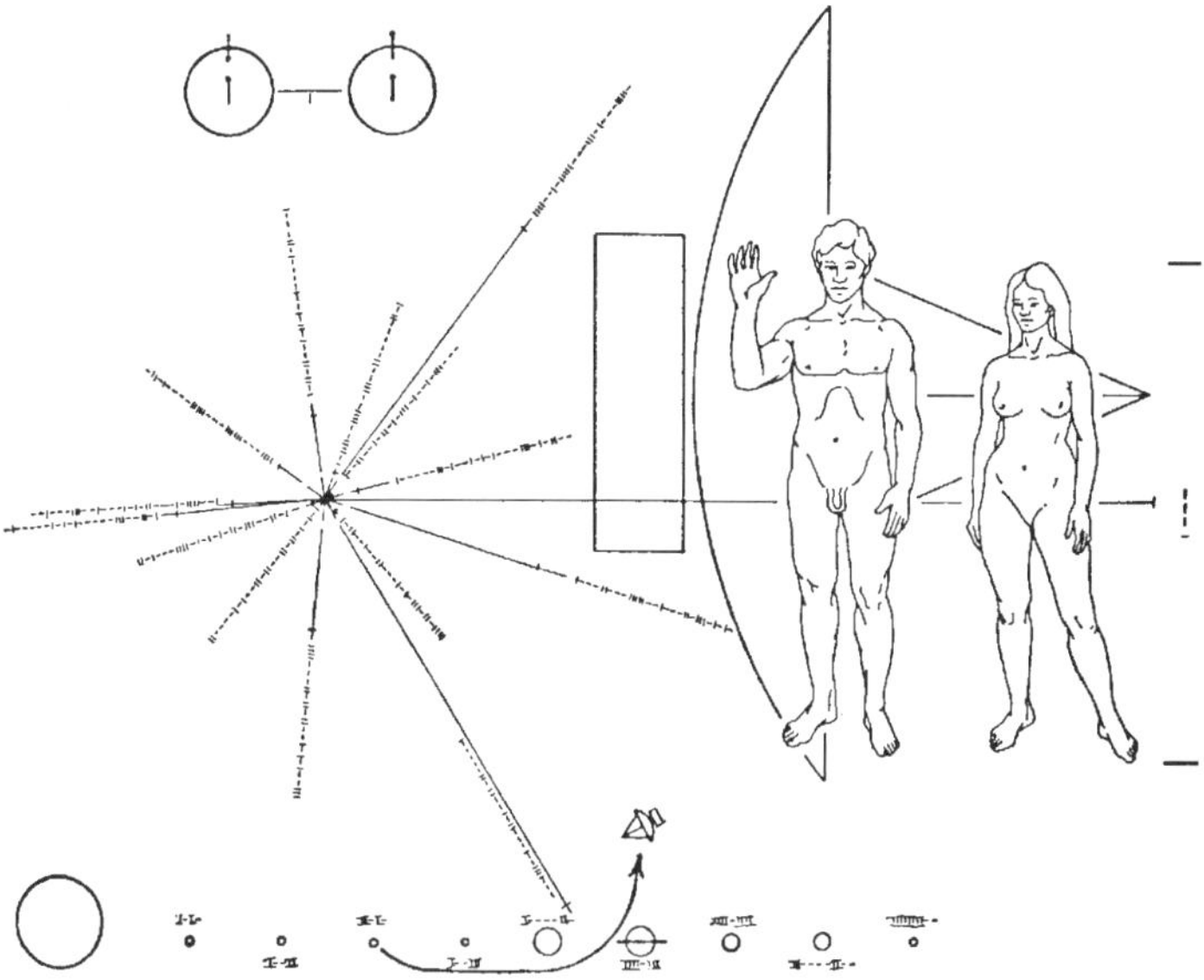

パイオニア10号に積み込まれた金属板に描かれた絵（NASA）

地球のため、人類のため

核戦争後の地球がどうなるかを描いた「核の冬」。この地球と人類の未来を脅かす恐怖について『COSMOS』でも最終章である第13章で、セーガンは厳しい批判の目を向けています。宇宙のことを語りながら、最後は地球と人類の問題に戻ってくるという彼の姿勢は、まさに『COSMOS』の本質だといえるでしょう。地球温暖化の議論が起こったのは一九八八年からですので、ここではまだそういう議論は登場していませんが、もしそういう議論があれば、金星での温室理論を展開したセーガンですから、「核の冬」同様の批判を『COSMOS』の中で展開したことでしょう。温暖化についてはセーガンの遺著ともいえる『百億の星と千億の生命』で彼の議論を読むことができます。

宇宙の中で私たち人間は孤独なのでしょうか？　おそらく、そうではないでしょう。地球外の知的生命にいつかは会うかもしれません。その時、私たちはなんと彼らに呼びかけるのでしょう。カール・セーガンが中心となってパイオニア10号に入れた金属板中の絵のように手を上げて「やあ！」というのでしょうか？

エッセイ

人類の故郷、宇宙への思い

――『COSMOS』復刊に寄せて

宇宙飛行士　山崎直子

Somewhere, something incredible is waiting to be known.

これはカール・セーガン博士の名言の一つです。直訳すると、「どこかで驚くべき何かが、知られるのを待っている」。これを目にしたとき、広い宇宙を想像して、わくわくしたことを覚えています。私の好きな言葉に、wonderful（素晴らしいという意）があります。そのwonderの語源は「未知」。未知なことがたくさんあるということで、素晴らしいという意味になっています。分からないことに接すると、時に不安になったり、悩んだりします。しかし、それは、道は一つではないということ、いろいろな可能性があるということでもあり、だからこそ、世の中、自分の行動によって様々な可能性がある、ということに励まされてきました。

『COSMOS』に出会ったのは小学生のころでした。三歳違いの兄から借りたのですが、正直なところ、私には難しかったです。それでも飽きずに頁をめくったのは、分からないなりにも惑星に降り立つような気分が楽しめたからだと思います。そして、宇宙は分からないことだらけだ、ということが伝わって来たからこそ、その奥深さに惹かれたのだと思います。その未知に命懸けで取り組んできた先人たちの長い歴史に敬意を表したいと思うと同時に、それでもまだまだ、分かっている範囲の方が小さく、未知に溢れている宇宙。そんな宇宙に畏敬の念を抱きました。

ですから、今回、『COSMOS』が復刊されること、そのあとがきとして巻末エッセイを書くということは、大きな感慨です。いくつかの取材で、子どものころに影響を受けた本としてお話ししたのですが、一九八〇年に出版（原著および和訳）された後、日本語版は絶版になっていたので寂しく思っていたところでした。再版のお話を伺った時には、子供のころの思いが蘇り、このご縁の巡り合わせに畏《おそ》れ多い思いを抱きました。セーガン博士は一九九六年に他界されましたが、今もなお、博士の本は私たちに宇宙の広大な可能性を伝えてくれます。

宇宙というのは、星や天文学のことだけではありません。私たちの住む世界そのものですから、この本でも、地球の歴史や生命の話、他の分野の科学技術も含め、広い内容を含んでいます。セーガン博士はこうも話していました。「私たちの遺伝子中の窒素も、歯の中のカルシウムも、血液中の鉄も、かつて収縮した恒星の内部で作られた。私たちの身体は、すべて星の物質でできている。

私たちは、きわめて深い意味において『星の子』なのである」と。自分も宇宙の一部なんだと思った瞬間、遠くに思えていた宇宙が、とても身近に思えました。宇宙に行くということも、故郷を訪ねにいくような感じがして、小学生だった私はそんな故郷の宇宙に思いを馳せたものです。

実際、私が行った「宇宙」は地球の表面からわずか四〇〇キロメートル上空で、『COSMOS』が見せてくれた「宇宙」のほんの一端、波打ち際に過ぎません。しかし、スペースシャトルで打ち上がって八分三〇秒後、エンジンが停止した瞬間、3Gの加速度から一気に無重力状態になったとき、身体全体が懐かしがって喜んでいるような感じがしました。宇宙へ行ったときの感覚には個人差はありますが、他の宇宙飛行士の中でも同じように感じたと話す人がいます。宇宙が出来てから一三八億年の歴史が、宇宙のかけらから創られた私たち一人一人の身体にも、ずっと刻まれているのかもしれないと思いました。

遺伝学にも造詣の深いセーガン博士ならではの言葉もあります。

「私たちの遺伝子が、生き残るために必要な情報のすべてを貯えることができなくなったとき、私たちは、ゆっくりと脳を発明した。そのあと、おそらく一万年ぐらい前のことだろうか、私たちの脳のなかにつごうよく収まっているものよりも、もっと多くのことを私たちは知らなければならない時期がきたのである。それで私たちは、かなりの量の情報を、からだの外に貯えることを学んだ。このように、遺伝子でも脳でもないところに、社会的な記憶を貯える方法を発明したのは、この地球上では私の知る限り人間だけである。そのような記憶の倉庫は、図書館と呼ばれている」

それによって、大幅な知識が蓄積されるようになり、今や人類は宇宙へまで行けるようになりました。一九七〇年代に打ち上げられた探査機ボイジャー1号と2号には、地球上の様々な写真や言語、音声などを記録したディスクが搭載されています。いつか太陽系を脱出し、知的生命体に遭遇した際に、地球のことを知ってもらおうという趣旨です。宇宙大航海時代は来るのでしょうか、そして、国際協力よりも広い宇宙協力の時代が来るのでしょうか。そんな時代がいつの日か来て欲しいと思います。そのためには、地球の文明もより成熟していく必要があるのでしょう。

宇宙に行くまでの道のりには、まだまだ挑戦もあります。私自身は、子どものころからの思いを温め、宇宙飛行士としての訓練を開始した後も、自分の訓練だけでなく他の人のミッションを支える地上業務を含め、一一年間の準備を積んで来ました。その中で一番大きい要素は、日本がそして世界が、宇宙開発を継続して行うことが出来た、ということなのです。すぐには結果が見えづらい分野へ、未来への投資として、人や資金や技術の資源を安定して費やすことが出来たこと、そうした社会的な基盤にささえられているのです。そのような日本の底力を私は誇りに思います。今後、宇宙大航海時代におけるプロジェクトは、より大きな資源が必要になるでしょう。国際協力も不可欠でしょう。人類共通の財産に向けて、様々な国が協力して、長期間安定してミッションを遂行していく、そうした社会的な基盤がより試される時代です。その中で、日本が国際貢献出来ることはきっとたくさんあります。皆で協力して未来への道づくりをしていきたいものです。

宇宙から帰還すると人生観が変わりますか、と訊かれることがあります。簡潔に表現することは難しいのですが、世界の見え方が変わることは確かです。理屈ではなく、身を以て自分が宇宙の一部であることを感じます。そして、上も下も定まっていない世界の中で、すべてが相対的なのだろう、日頃の見方が一つの方向に偏っているのではないか、ということを痛感します。そして、身の回りの景色がとても愛おしく感じます。身の回りに本当の本質が詰まっているのだろうという気もします。セーガン博士はこうも言っています。

「知識を得ることは純粋な喜びであるが、同時に知ることは地球あるいは宇宙の未来に対する義務でもあるのだ」

よりよい地球を後世に残していくためにも、この『COSMOS』はヒントを与えてくれるでしょう。

さあ、未来への航海はもう始まっています。私たち一人一人が、未知の未来へ向かって進んでいるのですから。

二〇一三年三月

ハ　行

バイルシュタイン，K・F　67
ハギンス，ウィリアム　151
バーク，バーナード　286
ハクスリー，T・H　14, 47
パスツール，ルイ　263
ハートゥング，ジャック　161
バニン，A　232, 233
ハミルトン　259
ハルス，フランス　259
ハレー，エドモンド　149
バロー，アイザック　127
バローズ，エドガー・ライス　204
ビシュニアック，ウルフ　225－229，234，240
ビシュニアック，ヘレン・シンプソン　229
ピタゴラス　93, 100, 106, 108, 114
ヒッパルコス　32
ヒュパティア　33
ヒューム，デイビッド　148
ピョートル大帝　268
ピール，スタントン　281
フェルメール　259, 262
武王　147
フォックス，ポール　202
フォン・ブラウン，ウェルナー　206
プトレマイオス，クラウディウス　29，33，89–95, 108, 110, 132, 146
ブラーエ，ティコ　102, 104, 110, 122, 129
プラトン　100, 101, 106, 108
フランクリン，ケネス　286
フランクリン，ベンジャミン　259
フリードマン，イムレ　229
ブルーノ，ジョルダーノ　161－163，261，267
ブレイク，ウィリアム　277
ペイン，トーマス　259
ベリコフスキー，イマヌエル　166–168
ベルヌーイ，ヨハン　130, 131
ベロソス　35
ヘロフィロス　33
ヘロン　33
ホイヘンス，クリスティアーン　192，252，261–266, 268–270, 281
ホイヘンス，コンスタンティン　257, 261
ポラック，J・B　232
ボルテール　271

マ　行

マイモニデス　125
マグヌス，アルベルトゥス　251
マゼラン　28
マートン，ロバート　267, 268
マネトン　131
マラー，H・J　49–51
マルホランド，デラル　160, 162
ミラー，スタンリー　66
ムンク，エドバルド　277
モラビト，リンダ　281
モロウィッツ，ハロルド　237

ヤ　行

ユークリッド　32，33，97，107，126，175，208
ユーリー，ハロルド　66, 67
ヨシュア　95, 166
ヨセフス　148

ラ　行

ライプニッツ　131
リシュポン，J　232, 233
ルター，マルチン　95
ルドルフ二世　102, 123
ルーベンス　261
レーウェンフック　259, 262, 263
レンブラント，ファン・レイン　259, 261
ローウェル，パーシバル　196－206，208，232, 247, 248, 274
ローゼンベルク男爵　105
ロック，ジョン　258, 259

人名索引

・上巻の本文に出てくる主な人名を掲出した。

ア　行

アインシュタイン，アルバート　127, 258
アダムス，ジョン　259
アップルシード，ジョニー　246
アポロニオス　33, 111
アリスタルコス　34, 35, 161
アリストテレス　31, 94, 149
アルキメデス　33, 93
アレキサンダー大王　31, 33
安徳天皇　40, 41
ウィリアム一世　148
ウェルズ，H・G　195, 204, 206, 240
ウェルズ，オーソン・　204, 241
ウォレス，アルフレッド・ラッセル　46－48, 51, 199, 200, 247
エラトステネス　24-30, 32, 131, 264

カ　行

カイパー，G・P　288
カーター，ジョン　204, 205
カエサル皇帝　90
カザンザキス，ニコス　137
カラム，オディール　160, 162
ガリレオ，ガリレイ　106, 107, 109, 120, 122, 168, 169, 178, 259, 261, 265, 269, 271, 272, 274, 279, 281
クリスチーナ大公妃　259
クレオパトラ　181
グロチウス　259
ケインズ，ジョン・メイナード　125
フランクリン，ケネス　286
ケプラー，カタリーナ　119
ケプラー，ヨハネス　77, 92, 96－125, 128, 129, 132, 148, 149, 161, 211, 252, 266, 267, 291
ゴダード，ロバート　206
ゴッホ，ビンセント・ファン　277
コペルニクス，ニコラウス　94, 95, 98, 100, 101, 106, 109, 110, 161, 191, 266, 267
コロリョフ，セルゲイ　206
コロンブス，クリストファー　29, 30, 47
コント，オーギュスト　172, 173

サ　行

サルピーター，E・E　72, 73
ジェファーソン，トーマス　259
ジャーベイス　160
ジョット　148
スウィフト，ジョナサン　271
スキャパレリ，ジョバンニ　196, 197, 201, 247
ストラボン　28, 29, 131
スネル，ヴィレブロルト　259, 262
スピノザ　258
セーガン，カール　236
セリキウム，アンドレアス　147
ソボトビッチ，E　145

タ　行

ダーウィン，チャールズ　37, 46－48, 51, 199, 269
ダ・ビンチ，レオナルド　33
ダン，ジョン　261
紂王　147
ツィオルコフスキー，コンスタンチン　206
デカルト，ルネ　258, 261
トゥーン，O・B　232
トラクス，ディオニュシオス　33

ナ　行

ナポレオン，ボナパルト　182
二位の尼　40, 41
ニュートン，アイザック　124－132, 148－150, 211
ネコ　27

[著者]
カール・セーガン
(Carl Sagan)
1934年、米国ニューヨーク市生まれ。シカゴ大学で天文学を学び、カリフォルニア大学、ハーバード大学などを経て、71年からコーネル大学教授。惑星大気の研究などをしながら、米航空宇宙局(NASA)の太陽系惑星の探査計画に指導的な役割を果たしてきた。宇宙や生命の起源についての優れた科学啓蒙家としても知られる。著書に『はるかな記憶』『惑星へ』(朝日新聞社)、『人はなぜエセ科学に騙されるのか』(新潮社)など多数。96年12月死去。

[訳者]
木村 繁
(きむら・しげる)
1932年、熊本市生まれ。東京大学教養学部教養学科卒業。朝日新聞東京本社科学部長、調査研究室幹事などを歴任。87年11月死去。

朝日選書 903

COSMOS《コスモス》 上

2013年6月25日　第1刷発行
2019年9月30日　第5刷発行

著者　カール・セーガン
訳者　木村　繁
発行者　三宮博信

発行所　朝日新聞出版
〒104-8011 東京都中央区築地5-3-2
電話 03-5541-8832（編集）
03-5540-7793（販売）

印刷所　大日本印刷株式会社

Published in Japan by Asahi Shimbun Publications Inc.
ISBN978-4-02-263003-2
定価はカバーに表示してあります。

落丁・乱丁の場合は弊社業務部（電話03-5540-7800）へご連絡ください。
送料弊社負担にてお取り替えいたします。